U0169077

Java Web
开发相关技术及编程方法探究

石少敏　陈静娴　徐慧琼　著

吉林科学技术出版社

图书在版编目（CIP）数据

Java Web开发相关技术及编程方法探究 / 石少敏，陈静娴，徐慧琼著. -- 长春 : 吉林科学技术出版社，2021.11

ISBN 978-7-5578-8981-4

Ⅰ. ①J… Ⅱ. ①石… ②陈… ③徐… Ⅲ. ①JAVA语言—程序设计 Ⅳ. ①TP312.8

中国版本图书馆CIP数据核字（2021）第237230号

JAVA WEB KAIFA XIANGGUAN JISHU JI BIANCHENG FANGFA TANJIU

Java Web开发相关技术及编程方法探究

著　　　石少敏　陈静娴　徐慧琼
出 版 人　李　梁
责任编辑　李玉玲
封面设计　马静静
制　　版　北京亚吉飞数码科技有限公司
幅面尺寸　170 mm × 240 mm
开　　本　710 mm × 1000 mm　1/16
字　　数　349千字
印　　张　19.5
印　　数　1—5 000册
版　　次　2022年3月第1版
印　　次　2022年3月第1次印刷

出　　版　吉林科学技术出版社
发　　行　吉林科学技术出版社
地　　址　长春市南关区福祉大路5788号龙腾国际大厦
邮　　编　130118
发行部传真/电话　0431-85635176　85651759　85635177
85651628　85652585
储运部电话　0431-86059116
编辑部电话　0431-81629516
网　　址　www.jlsycbs.net
印　　刷　三河市德贤弘印务有限公司

书　　号　ISBN 978-7-5578-8981-4
定　　价　95.00元

前　言

近年来，随着互联网行业技术的不断成熟和发展，传统的软件开发基础技术已经远远不能满足当前社会的需求，无论是以淘宝、京东为代表的电子商务网站应用，还是以移动互联网为基础的移动应用，都不再是仅靠原有的C和Java基础语言就能实现Web方面的应用，以C系列（C、C++、C#）和Java系列为主的两大技术阵营，各自都推出了基于Web的应用开发技术，围绕Visual Studio Net集成开发平台为代表的C系列Web开发和My Eclipse集成开发平台为代表的Java系列Web开发，催生了许多关键技术，特别是Java Web开发技术，在开源代码和开源框架的有力推动下，得到了快速的发展，影响并改变着整个互联网技术生态链条，也深刻地影响着以Android为代表的移动互联网生态群落的当前和未来的发展趋势。

现在，Java Web技术在企业项目开发中的应用越来越广泛，围绕Java衍生的Web核心技术、Java Web开发框架、设计模式等已经成为技术开发研究者的深入研究领域。同时，其相关的一些核心技术也已经成为院校软件开发相关专业学生未来就业和企业Java开发人员快速提升的必备技术，也被许多开发人员当作一项专项技能来学习和掌握。因而，了解Java Web应用后面的核心技术、技术原理及应用对很多人而言非常重要。

本书在撰写过程中，注重基本概念和技术的介绍，并结合应用实例较深入地分析主要技术的本质和特点，充分体现了Java Web开发技术的应用与理论相结合的特点，使得读者能够准确、系统地掌握基本概念和核心技术。

全书共分10章。第1章为Java Web应用开发概述，主要阐述了Java Web的技术介绍、开发模式、应用程序工作原理、应用服务器、开发环境配置、项目的创建、目录结构及部署。第2章为Java Web基础，主要阐述了HTML语言、CSS样式表、JavaScript脚本语言、框架（库）JQuery。第3~7章主要讲述了Java Web常用的技术及组件，如动态网页JSP技术、Servlet技术、组件JavaBean技术、EL表达式与JSTL标签库理论、数据库访问JDBC技术。第8~10章介绍了常用的框架，如持久化框架Hibernate、Spring、Web编程架构与SSM框架。

具体来说，本书具有以下几个特点。

（1）内容全面，技术最新。本书全面、细致地展示了Java Web的相关知识。无论是Java Web的基础理论，还是Java Web常用的技术及组件，还有常用框架（如Hibernate、Spring）的使用，在本书中都有具体、详细的介绍。

（2）结构合理，易学易用。本书从用户的实际需要出发，内容循序渐进、由浅入深。读者既可以按照本书编排的章节顺序进行学习，也可以根据自己的需求对某一章节进行针对性地学习。与传统的计算机书籍相比，阅读本书会带来更多的乐趣。

（3）理论与实践结合，实用性强。本书摒弃了枯燥的理论和简单的操作，通过具体的演示实例讲解每一个知识点的具体用法。

（4）精心安排内容，符合岗位需要。本书精心挑选与实际应用紧密相关的知识点和案例，从而让读者在学完本书后，能马上在实践中应用学到的技能。

本书由石少敏、陈静娴、徐慧琼共同撰写，具体分工如下：

本书内容全面，深入浅出，实用性强。作者在撰写本书时参考借鉴了一些国内外学者的有关理论、材料等，在这里对此一并表示感谢。由于作者水平有限以及时间仓促，书中难免存在一些不足和疏漏之处，敬请广大读者和专家给予批评指正。

作者

2021年6月

目录

第1章

Java Web应用开发概述

搭建软件开发环境是开发软件的第一步，优秀的开发环境能帮助程序员提高开发速度。本章首先对Java Web的技术进行了简单介绍，包括Java Web开发模式、Web应用程序工作原理、Java Web应用服务器，接着讲述如何搭建Java Web的开发环境。

1.1 Java Web技术介绍

1.1.1 B/S结构编程体系

目前，在软件应用开发领域主要分为两大编程体系：一种是基于浏览器的B/S（Browser/Server）结构，另一种是C/S（Client/Server）结构。其中，C/S结构分为两部分：客户端和服务器，因此，基于C/S结构的应用程序包括客户端程序和服务器程序，客户端程序和服务器完成信息交互。

在万维网技术没有出现之前，网络应用程序采用的是C/S结构，客户需要在本地计算机上安装客户端程序，且客户端程序是一致的。这些客户端软件需要程序人员专门开发实现，而且在软件升级时，用户得自行打补丁。随着万维网技术的出现，B/S结构应运而生，该结构包括两部分：浏览器和服务器，用户在客户端只需运行相应的浏览器软件。Web应用程序采用的即是B/S结构，在该体系结构下，Web程序完全运行在服务器上。用户只需要使用浏览器软件，通过网络即可方便地访问Web资源，这极大地方便了用户的使用。这也是为什么Web应用程序能够快速发展并被广泛接受的重要原因。

Web应用程序的B/S结构最起码是三层架构，浏览器只作为系统的表示层，通过HTML和客户端脚本来显示文档等资源。Web服务器作为中间逻辑层与客户端以及数据库服务器通信，数据库服务器作为数据层。分层使得功能完全区分开，同时浏览器的存在也降低了表示层的开发难度。此时的Web服务器和数据库服务器不一定在不同计算机上。

更进一步的是，在有些Web应用程序的设计开发中，将逻辑层继续划分，Web服务器仅解析和传递请求与响应，具体的业务逻辑由下层的应用服务器处理。不仅如此，在实际应用中，当一个Web系统需要响应大量请求时，可能会存在多个Web服务器和数据库服务器。这时在系统层次中间会有平衡数据连接的设备，它们会选择最适合于处理当前请求的服务器，这种中间层叫作负载均衡。应用服务器和负载均衡等一系列中间层使得架构的层次更加复杂，从而产生了*n*层B/S体系结构。

1.1.2 Java EE架构技术

Java Web开发技术是基于Java的技术，以Java EE架构为开发基础。因此，在学习Java Web开发技术时，需要了解一下Java EE技术的结构和特点。

Java EE为Java的企业级开发平台，专门为企业级应用开发提供一组规范，可视作Java SE的扩展。Java EE提供了Web服务、组件模型、通信API等一系列的解决方案，可用于构建Web 2.0应用程序。

1.1.2.1 Web容器

在Java EE的服务器层，为Web组件提供服务的容器。Web容器中的的组件包括Servlet和JSP，下半部分表示所提供的服务。该容器运行在Java SE环境下，Web容器提供的标准服务有：Concurrency Uilities：并行组件；Bean Validation：Bean验证；Batch：批量应用编程模型；EJB：企业JavaBean；EL：表达式语言；WebSocket：创建WebSocket；API JSON：处理JSON的API；JavaMail：JavaMail API；JSTL：JSP标准标签库；JSE：Java标准版；Java Persistence：Java持久化；API JTA：Java事务API；Connector：工具厂商和系统集成商连接器接口；JMS：Java消息服务；Management：轻量级容器管理对象；Web Services：多种客户端服务；CDI&DI：上下文与依赖注入；JACC：Java认证容器提供商合同；JASPIC：Java容器认证服务提供商接口；JAXB：Java XML绑定架构；JAX-RS：支持REST式Web服务的Java API；JAX-WS：基于XML的Java WebServices API；JAX-RPC：基于XML的RPC。

Java Web是Java EE的一个组成部分，主要集中在Java EE服务器的Web层。因此，Servlet和JSP是进行Java Web开发使用的Java EE标准组件，Servlet和JSP接受Web层容器提供的服务。

Java EE应用的体系结构采用了拓展性好的分布式多层式应用。以三层结构为基准，即客户端、Java EE服务器和数据库服务器。其中Java EE服务器可分为Web层和业务层。

开发人员开发的业务逻辑运行在Java EE服务器上，作为整个模型的中间层，其中Web层使用的技术为Servlet、JSP、JSF等，称为Web组件。Web组件在Web容器中执行，响应HTTP请求。一个Web程序由Web组件和一些其他数据（如HTML页面）组成。Web容器是Web服务器的一部分，Web服务器还需要包含其他协议支持，以及安全性支持。

1.1.2.2 EJB容器

Java EE运行在Java及其虚拟机之上，面向复杂度较高的处理业务。Java EE的应用模型由两部分组成，一是由开发人员实现的业务和表现逻辑，二是由Java EE平台提供的标准系统服务。Java EE所提供的系列标准服务，使得开发人员只需要关注自己特定的业务逻辑，缩短开发周期。

业务层使用Enterprise JavaBeans（EJB）技术，为业务逻辑组件。EJB运行在一个支持事务的管理环境内，EJB包含Java EE应用的业务逻辑，并提供SOAP/HTTP协议的Web服务。

1.1.2.3 Java开发Web程序的知识体系

使用Java开发Web应用程序，已经有了许多可供使用的标准的或者第三方的库与开源框架，然而在使用它们开发之前，还需要掌握和理解相关知识，其知识体系如下。

（1）Java语言基础。良好的Java基础是使用Java EE的开始。

（2）HTML、CSS、HTML是网页的基础，使用CSS对页面元素的样式进行设置，可以使页面更富于观赏性，在页面中添加Flash等资源也可以使页面更美观。

（3）JavaScript、XML和Ajax。JavaScript是用户与浏览器交互的方式。通过Javascript操作HTML页面中的DOM树，可以动态地改变页面内容，实现交互。Ajax是网页交互的新技术，使得页面的呈现更有交互性。

（4）Servlet和Filter。Servlet是JavaWeb服务端最核心的技术，所有的框架都建立在它之上。

（5）JDBC和SQL语言。一个Web应用必然要和数据库打交道，因此如何使用JDBC访问数据库，采用SQL语言进行数据库操作，都是必不可少的。

（6）JSP和JSTL。JSP是表示层的脚本技术，重点是掌握其自定义标签库。

（7）JavaBean。一个MVC模式的Web应用，其业务逻辑的处理一般都封装在了JavaBean中，因此掌握JavaBean也是必不可少的。

（8）SSH等框架。当最后需要开发一个完整的Web应用时，使用框架是一种不错的选择。SSH框架是目前最为流行的Java Web开发框架：Struts+Spring+Hibernate，而在实际的应用中，无论是重量级还是轻量级的框架都有很多，搭配也是各异的。

1.2　Java Web开发模式

使用Java Web技术实现时可以借助于多种相关的开发技术，如常见的JavaBean、Servlet等，也可以使用支持MVC（Model View Controller）的设计框架，常见的框架有Struts、Spring、JSF等。

不同技术的组合产生了不同的开发模式，本节将介绍最常用的5种Java Web开发模式。

1.2.1　单一JSP模式

作为一个JSP技术初学者，使用纯粹JSP代码实现网站是其首选。在这种模式中实现网站，其实就是在JSP页面中包含各种代码，如HTML标记、CSS标记、JavaScript标记、逻辑处理、数据库处理代码等。这么多种代码，放置在一个页面中，如果出现错误，不容易查找和调试。

这种模式设计出的网站，除了运行速度和安全性外，采用JSP技术或采用ASP技术就没有什么大的差别了。

1.2.2　JSP+JavaBean模式

对单一模式进行改进，将JSP页面响应请求转交给JavaBean处理，最后将结果返回客户。所有的数据通过bean来处理，JSP实现页面的显示。JSP+JavaBean模式技术实现了页面的显示和业务逻辑相分离。在这种模式中，使用JSP技术中的HTML、CSS等可以非常容易地构建数据显示页面，而对于数据处理可以交给JavaBean技术，如连接数据库代码、显示数据库代码。将执行特定功能的代码封装到JavaBean中时，同时也达到了代码重用的目的。如显示当前时间的JavaBean，不仅可以用在当前页面，还可以用在其他页面。

这种模式的使用，已经显示出JSP技术的优势，但并不明显。因为大量使用该模式形式，常常会导致页面被嵌入大量的脚本语言或者Java代码，特别是在处理的业务逻辑很复杂时。综上所述，该模式不能够满足大型应用的要求，尤其是大型项目。但是可以很好地满足中小型Web应用的需要。

1.2.3 JSP+JavaBean+Servlet模式

MVC（Model View Controller）是一个设计模式，它强制性地使应用程序的输入、处理和输出分开。使用MVC的应用程序被分成三个核心部件：模型、视图、控制器，每个部分各自处理自己的任务。

1.2.3.1 视图

视图（View）代表用户交互界面，对于Web应用来说可以概括为HTML界面，也可以是XHTML、XML和Applet。随着应用的复杂性和规模性增加，界面的处理也变得具有挑战性。一个应用可能有很多不同的视图，MVC设计模式对于视图的处理仅限于视图上数据的采集和处理，以及用户的请求，而不包括在视图上的业务流程的处理。业务流程的处理交给模型处理。例如，一个订单的视图只接受来自模型的数据并显示给用户，以及将用户界面的输入数据和请求传递给控制和模型。

1.2.3.2 模型

模型（Model）就是业务流程/状态的处理以及业务规则的制定。业务流程的处理过程对其他层来说是黑箱操作，模型接受视图请求的数据，并返回最终的处理结果。业务模型的设计可以说是MVC最主要的核心。MVC设计模式告诉我们，把应用的模型按一定的规则抽取出来，抽取的层次很重要，这也是判断开发人员是否优秀的设计依据。抽象与具体不能隔得太远，也不能太近。

1.2.3.3　控制器

控制器（Controller）可以理解为从用户接收请求将模型与视图匹配在一起，共同完成用户的请求。划分控制层的作用也很明显，它清楚地告诉你，它就是一个分发器，选择什么样的模型，选择什么样的视图，可以完成什么样的用户请求。控制层并不做任何的数据处理。例如，用户单击一个链接，控制层接受请求后并不处理业务信息，它只把用户的信息传递给模型，告诉模型做什么，选择符合要求的视图返回给用户。因此，一个模型可能对应多个视图，一个视图可能对应多个模型。

模型、视图与控制器的分离，使得一个模型可以具有多个显示视图。如果用户通过某个视图的控制器改变了模型的数据，所有其他依赖于这些数据的视图都会反映出这些变化。因此，无论何时发生了何种数据变化，控制器都会将变化通知所有的视图，导致显示的更新。

JSP+JavaBean+Servlet技术组合很好地实现了MVC模式，其中，View通常是JSP文件，即页面显示部分；Controller用Servlet来实现，即页面显示的逻辑部分实现；Model通常用服务端的JavaBean或者EJB实现，即业务逻辑部分的实现。

1.2.4　Struts框架模式

除了以上这些模式之外，还可以使用框架实现JSP应用，如Struts、JSF等框架。本节以Struts为例，介绍如何使用框架实现JSP网站。Struts由一组相互协作的类、Servelt以及丰富的标签库和独立于该框架工作的实用程序类组成。Struts有自己的控制器，同时整合了其他的一些技术去实现模型层和视图层。在模型层，Struts可以很容易地与数据访问技术相结合，包括EJB、JDBC和Object Relation Bridge。在视图层，Struts 能够与ISP、XSL等等这些表示层组件相结合。

Struts框架是MVC模式的体现，可以分别从模型、视图、控制来了解Struts的体系结构（Architecture）。

当用户在客户端发出一个请求后，Controller控制器获得该请求会调用struts-config.xml文件找到处理该请求的JavaBean模型。此时控制权转交给Action来处理，或者调用相应的ActionForm。在做上述工作的同时，控制器调用相应的JSP视图，并在视图中调用JavaBean或EJB处理结果。最后直接转到视图中显示，在显示视图的时候需要调用Struts的标签和应用程序的属性文件。

1.2.5 J2EE模式实现

Struts等框架的出现已经解决了大部分JSP网站的实现，但还不能满足一些大公司的业务逻辑较为复杂、安全性要求较高的网站实现。J2EE是JSP实现企业级Web开发的标准，是纯粹基于Java的解决方案。

J2EE设计模式由于框架大，不容易编写，不容易调试，比较难以掌握。目前只是应用在一些大型的网站上。J2EE应用程序是由组件构成的。J2EE组件是具有独立功能的软件单元，它们通过相关的类和文件组装成J2EE应用程序，并与其他组件交互。

1.3 Web应用程序工作原理

互联网中有数以亿计的网站，用户可以通过浏览这些网站获得所需要的信息。例如，用户在浏览器的地址栏中输入“http://www.baidu.com”，浏览器就会显示百度的首页，从中可以搜索相关的信息，那么百度首页的内容和搜索引擎的功能是存放在哪里的呢？它们是存放在百度网站服务器上的，所谓服务器就是网络中的一台主机，由于它提供Web、FTP等网络服务，因此称其为服务器。

用户的计算机又是如何将存在网络服务器上的网页显示在浏览器中的呢？当用户在地址栏中输入百度网址（网址又称为URI，即“统一资源定位符”）的时候，浏览器会向百度网站的服务器发送请求，这个请求使用HTTP协议，其中包括请求的主机名、HTTP版本号等信息。服务器在收到请求信息后，将回复的信息（一般是文字、图片等网页信息，也就是HTML页面）准备好，再通过网络发回给客户端浏览器。客户端浏览器在接收到服务器传回的信息后，将其解释并显示在浏览器的窗口中，这样用户就可以进行浏览了。在这个“请求响应”的过程中，如果在服务器上存放的网页为静态HTML网页文件，服务器就会原封不动地返回网页的内容，如果存放的是动态网页，如JSP、ASP、ASP、NET等的文件，则服务器会执行动态网页，执行的结果是生成一个HTML文件，然后再将这个HTML文件发送给客户端浏览器。

Web应用程序通常由大量的页面、资源文件、部署文件等组成，组成网站的大量文件之间通过特定的方式进行组织，并且由一个软件系统来管理这些文件。管理这些文件的软件系统通常称为应用服务器，它的主要作用就是管理网站的文件。网站的文件通常有以下几种类型：

（1）网页文件，主要是提供用户访问的页面，包括静态的和动态的，这是网站中最重要的部分，如.html、.jsp等.

（2）网页的格式文件，可以控制网页信息显示的格式、样式，如.css等。

（3）资源文件。网页中用到的图形、声音、动画、资料库以及各式各样的软件。

（4）配置文件，用于声明网页的相关信息、网页之间的关系，以及对所在运行环境的要求等。

（5）处理文件。用于对用户的请求进行处理，如供网页调用、读写文件或访问数据库等。

1.4 Java Web应用服务器

Java Web服务器是运行及发布Java Web应用的容器，只有将开发的Web项目放置到该容器中，才能使网络中的所有用户通过浏览器进行访问。开发Java Web应用所采用的服务器主要是与JSP/Servlet兼容的Web服务器，比较常用的Java Web服务器有Apache、Tomcat、Resin、Jboss、WebSphere和Weblogic等，下面将分别进行介绍。

1.4.1 Apache服务器

Apache HTTP Server（Apache）是Apache软件基金会的一个开放源码的网页服务器，可以在大多数计算机操作系统中运行，由于其多平台和安全性被广泛使用，是当前最流行的Web服务器端软件之一。它快速、可靠并且可通过简单的API扩展，将Java Web及Perl/Python等解释器编译到服务器中。

1.4.2 Tomcat服务器

Tomcat是Apache软件基金会（Apache Software Foundation）的Jakarta项目中的一个核心项目，由Apache、Sun和其他一些公司及个人共同开发而成。在Sun的参与和支持下，最新的Servlet和JSP规范在Tomcat中得到实现。Tomcat成为目前比较流行的Web应用服务器，它是一个小型、轻量级的支持JSP和Servlet技术的Web服务器，也是初学者学习开发JSP应用的首选Web服务器。

1.4.3 WebSphere服务器

WebSphere是IBM公司的产品，可进一步细分为WebSphere Performance Pack、Cache Manager和WebSphere Application Server等系列，其中WebSphere Application Server是基于Java的应用环境，可以运行于Sun Solaris、Windows NT等多种操作系统平台，用于建立部署和管理Internet和Intranet Web应用程序。其中WebSphere Application Server Community Edition（WAS CE）是IBM的开源轻量级J2EE应用服务器。它是一个免费的、构建在Apache Geronimo技术之上的轻量级Java 2 Platform Enterprise Edition（J2EE）应用服务器。WebSphere Liberty Profile Server（Liberty）是一个基于OSGi内核、高模块化、高动态性的轻量级WebSphere应用服务器，其安装极为简单（解压即可）、启动非常快、占用很少的磁盘和内存空间，支持Web、Mobile和OSGi应用的开发。

1.4.4　WebLogic服务器

WebLogic最早是由WebLogic Inc.开发的产品，后并入BEA公司，目前BEA公司又并入Oracle公司。WebLogic细分为WebLogic Server、WebLogic Enterprise和WebLogic Portal等系列，其中WebLogic Server的功能特别强大。WebLogic支持企业级的、多层次的和完全分布式的Web应用，并且服务器的配置简单、界面友好。WebLogic常用于开发、集成、部署和管理大型分布式Web应用、网络应用和数据库应用的Java应用服务器。

1.4.5　Resin服务器和JBoss服务器

Resin是Caucho公司的产品，是一个非常流行的支持Servlet和JSP的服务器，速度非常快。Resin本身包含了一个支持HTML的Web服务器，使它不仅可以显示动态内容，而且显示静态内容的能力也毫不逊色，Resin也可以和许多其他的Web服务器一起工作，如Apache Server和IIS等。Resin支持Servlets 2.3标准和JSP 1.2标准，支持负载平衡，因而许多使用JSP的网站用Resin服务器进行构建。

JBoss是一个遵从JavaEE规范的、开放源代码的、纯Java的开放源代码的EJB服务器和应用服务器。因为JBoss代码遵循LGPL许可，可以在任何商业应用中免费使用它，而不用支付费用，对于J2EE有很好的支持。JBoss采用JMIL API实现软件模块的集成与管理，是一个管理EJB的容器和服务器，支持EJB的规范，但JBoss核心服务不包括支持Servlet/JSP的Web容器，一般与Tomcat或Jetty绑定使用。

1.5 Java Web开发环境配置

1.5.1 开发工具的选择

Web应用程序采用的是B/S结构，因此程序的开发大致可分为客户前端和服务器后端两个部分。前端和后端开发的区别，除了功能需求、实现技术外，它们运行的环境也是完全不同的。

前端的实现技术，如HTML、CSS和JavaScript，是运行在浏览器中的。Web页面被浏览器解析，JavaScript代码则也被浏览器编译或解释执行。相对而言，后端技术则需要运行在被称为“服务器”的环境中，在这里的“服务器”实质上是一个程序，它为运行在该环境中的程序提供服务，如获取并解析HTTP请求、封装并返回HTTP响应、管理在该服务器中程序的生存期、生成基本的对象等。另外，数据库管理系统也是整个Web应用系统中不可或缺的部分。

下面将在Windows 7操作系统下建立一个Java Web的开发环境。

1.5.1.1 浏览器

除了某些专用计算机，浏览器对大部分电脑而言都是不可或缺的，浏览器软件的种类实际上包括很多，国内常见的有360浏览器、搜狗浏览器、百度浏览器，国外的有Google Chrome、Mozilla Firefox、Microsoft IE等。各浏览器之间的实现有一些细微的不同，为了增强Web应用系统运行的通用性，开发时尽量采用市场占有率最高的浏览器软件。如果可能，开发Web系统时考虑支持多个浏览器。本书中选择使用Chrome浏览器作为Web页面和JavaScript的运行环境。

浏览器为开发人员提供了便捷的工具，以Chrome为例，点开设置中的“开发者工具”，可以审查页面的HTML元素、CSS样式，以及查看JavaScript代码。

在浏览器的控制台也可以直接调试JavaScript代码。

1.5.1.2　Web服务器

Java Web程序需要运行在ServletJSP容器中，Servlet容器的主要作用是解析JSP页面，管理Servlet的生命周期。但通常而言，ServletJSP容器本身就可以作为完整的Web服务器，完成接收HTTP请求等工作了，因此这里并不严格区分Web服务器和Servlet/JSP容器。

Tomcat完全由Java语言开发，Java Web程序的运行，以及Tomcat的运行必须有Java运行环境（Java Runtime Environment，JRE），因为JDK中包含了JRE，所以可以直接安装JDK。

（1）Java软件开发包JDK简介。

在编译并运行Java程序时，需要Java软件开发包的支持，即JDK（Java Development Kit），该开发包为Java SE开发包（Java Standard Edition Developer's Kit），JDK是Sun公司免费提供的Java语言的软件开发工具包，其中包含了Java虚拟机（JVM），编写好的Java源程序经过编译可形成Java字节码，只要安装了JDK，就可以利用JVM解释这些字节码文件，从而保证了Java的跨平台性。

JDK可以在Oracle公司的官方网站上下载：http://www.oracle.com，在“Downloads”中选择“Java SE”，在Java SE的下载页面中选择最新版本的JDK。

（2）JDK的安装与配置。

配置环境变量是使用所有开发环境的必由之路，无论Tomcat服务器还是之后的Eclipse集成开发环境。由于Tomcat是纯Java开发的，为了能用Java启动服务器，需要将java命令，如在Windows下的java.exe或javaw.exe，包含在环境变量Path中。另外，为了在运行时能通过正确的位置找到对应的Java类，也需要将所需要的类文件（通常是jar包）通过环境变量指明。

环境变量JAVA-HOME是Java JDK所指向的位置，而Java项目的依赖库可以通过变量CLASSPATH指明，并设置系统的Path环境变量，其步骤如下：

①在Windows7下配置环境变量，可以点开“高级系统设置”，新建量JAVA HOME，并设置其值为JDK安装目录。

②编辑系统的环境变量CLASSPATH变量，若不存在，可新建CLASSPATH变量。如果新建CLASSPATH并设置其值为“.;%JAVA_HOME%lib;%JAVA_HOME%\jre\lib;”，这个变量值的第一个点表示运行命令的当前文件夹，之后表

示JDK目录下的lib文件夹，以及jre文件夹下的lib文件夹。

③最后一定要在Path中添加"%JAVA_HOME%\bin"，增加JDK的BIN目录的路径，表示JDK下基本程序所在的路径。

（3）Tomcat简介。

Tomcat是由Apache开源组织开发的Web服务器产品。Tomcat服务器主要用来运行Servlet.JSP或其他轻量级框架开发的程序，Tomcat是在Sun公司的JSWDK（Java Server Web Development Kit）基础上发展起来的，也是一个JSP和Servlet规范的标准实现。

Tomcat是一种轻量级的Web服务器，可以用较小的系统开销来发布和运行基于Web的服务程序。Tomcat是Servlet2.2和JSP1.1规范的官方参考实现，可以单独作为小型Servlt、JSP测试服务器。经过多年的发展，Tomcat具备了很多商业Servlet容器的特性，被用于一些企业商业用途。

（4）Tomcat的安装、配置及测试。

Tomcat的安装：如选择apache-tomcat 6.0.36，则无需安装，只要把相应的Tomcat压缩文件中的内容解压缩到特定的路径下即可。为了方便使用，需要配置环境变量CATALINA-HOME，并将其bin目录添加到Path环境变量中。测试：要测试Tomcat服务器是否安装成功，首先要启动Tomcat服务器。在Tomcat安装目录下面有一个bin目录，里面有两个文件：startup.bat和shutdown.bat，分别控制Tomcat的启动和关闭。双击startup.bat文件，即可启动Tomcat。

若是Windows系统，则可以直接通过命令行，输入catalina.bat run命令启动Tomcat。然后在浏览器地址栏中输入http:/localhost：8080，按Enter键访问。看出现的界面能判断Tomcat是否安装成功。

Tomcat默认连接的端口是8080，当需要更改端口时可以在安装目录下修改/conf/server.xml文件中Connector元素的port属性。

1.5.1.3 数据库管理系统

数据库管理系统将采用MySQL。在Windows下安装MySQL以选择通过安装器（Installer）安装，或者二进制文件安装，建议通过Installer安装。因为它非常方便。

若使用二进制文件安装，首先需要解压二进制文件，修改根目录下的配置文件my.inis然后，可以选择将MySQL的安装目录添加到环境变量Path中。

数据库管理系统MySQL是一个分布式的数据库软件，它本身也分为Client和Server两个部分，它们分别对应了mysql.exe和mysald.exe两个程序。

尽管在本书的应用中它们位于同一台物理主机之上，客户端还是需要连接到服务器端才能操作数据库数据。而且，在配置文件my.ini中需要对Server的mysqld和Client的mysql分别进行配置。

1.5.2 Eclipse集成开发环境配置

集成开发环境（IDE）是非常有用，也是最重要的开发工具，是众多开发人员智慧的结晶。使用IDE能极大地方便软件的开发工作，减少不必要的错误。

1.5.2.1 MyEclipse中集成Tomcat服务器

（1）在前面讲述的基础上，安装好JDK和Tomcat，并设置好它们的环境变量。

（2）打开MyEclipse，选择工具栏上的“Window”→“Preferences”，弹出对话框，并选择MyEclipse下的“Servers”→“Tomcat”，根据安装的“Tomcat”的版本号，选择“Servers”下的“Tomcat”，并指定其安装路径，并使其状态为“Enable”，然后单击“Apply”。

（3）配置成功后，即可在MyEclipse中发现，服务器图标下，已经出现Tomcat 7.x的图标，然后就可以在MyEelipse中，单击配置的“Tomcat 7.x”-"start"，启动Tomcat服务器。

（4）启动Tomcat服务器后，然后即可创建Java Web工程，并部署新创建的工程到Tomcat服务器。

1.5.2.2 MyEclipse中集成连接MySQL数据库

（1）选择“Window”→“Show View”→“Other”，弹出Show View对话框。

（2）选择“MyEclipse Database”→“DB Browser”，弹出DB视图，然后选择“MyEclipse Derby”，单击右键，选择“New”，创建新的连接。

（3）在弹出的新的连接对话框中，选择MySQL驱动模板“MySQL Connector/J”，输入驱动名、连接URI及MySQL的用户名和密码，单击“Add JARs”，选择加载MySQL连接驱动，然后单击“Test Driver”，测试连接。如果显示数据库连接成功建立，表明配置连接成功，否则，需要重新配置连接。

（4）选择打开连接，即可直接编辑数据库的表及表信息。

1.5.3 创建部署Web程序

1.5.3.1 创建Web工程

（1）在包浏览界面，单击右键，选择“New”→“Web Projet”，在弹出的对话框中，填写工程名、工程存储路径和Web Root路径等，单击“Finish”，完成工程创建。

（2）创建完的Web工程目录结构。

1.5.3.2 部署Web工程

（1）选中新创建的Web工程，单击部署按钮，弹出Project Deployments对话框，默认部署的工程为刚才选中的工程名，然后单击“Add”按钮，弹出新的部署对话框，选中部署的服务器“Tomcat 7.x”，以及默认的部署路径。

（2）部署成功后，单击“OK”按钮，完成Web工程部署。

（3）启动运行Tomcat，并在浏览器地址栏中输入http://localhost：8080/wj/index.jsp，测试部署的工程。

1.6 Java Web项目的创建、目录结构及部署

安装和配置Eclipse后，就可以通过在Eclipse中创建和发布一个Web应用程序来学习Eclipse的大致使用方法。下面的操作都是基于Eclipse进行的。

1.6.1 创建Web项目、设计项目目录结构

（1）在Eclipse菜单栏中选择File→New→Dynamic Web Project 命令，弹出New Dynamic Web Project 对话框。在Dynamic Web Project 界面的Project name文本框中输入“myweb”，在Target runtime下拉列表框中选择Apache Tomcat v9.0，在Dynamic web module version 下拉列表框中选择3.1版本，在Configuration下拉列表框中选择Default Configuration for Apache Tomcat v9.0，单击Next按钮。

（2）进入Java设置界面，可以在src下添加文件夹，这里不用修改，单击Next按钮。

（3）进入Web Module界面，选中Generate Web.xml deployment descriptor复选框，单击Finish按钮。

（4）设置完成后，在窗体左侧的包资源管理器视图中，就可以看到myweb项目的目录结构。

我们通常把Java类文件放在Java Resources的src目录下，可在src下定义包；把网页文件放在WebContent目录下，可在根路径下定义文件夹，这样方便管理。

1.6.2 编写页面代码，部署和运行Web项目

下面使用集成开发工具Eclipse来编写一个JSP页面，并部署运行。

（1）创建一个JSP文件，选择WebContent并右击，在弹出的快捷菜单中选择New→JSP File命令。

（2）在弹出的对话框中选择路径和输入文件名，这里为了方便，只输入一个index.jsp页面，直接放在WebContent的根路径下。

（3）单击Finish按钮，完成JSP页面的创建，当然页面内容需要我们自己编写。双击index.jsp页面，在主体部分编写提示“欢迎来到Java Web开发的世界！”，并且把字符编码设置为contentType=“text/html；charset=UTF-8”及pageEncoding=“utf-8”。

（4）选择Tomcat v9.0 Server at localhost服务器并右击，在弹出的快捷菜单中选择Add and Remove命令，在对话框的左侧选择myWeb项目，单击Add按钮，添加到右侧，单击Finish 按钮完成部署。

（5）启动Tomcat，在工具栏中启动Tomcat v9.0 Server at localhost，此时会在Console（控制台）输出Tomcat的启动信息。

（6）打开浏览器，输入“http://localhost：8080/myweb/index.jsp”，按Enter键。

第2章

Java Web基础

Java Web是用Java技术来解决相关Web互联网领域的技术栈。本章全面、细致地展示了Java Web的相关知识。无论是HTML技术、JSP基础、动作指令和内置对象，还是Java Web常用的技术及组件，还有常用框架（如Struts2、Hibernate以及Spring）的使用，在本章中都有具体、详细的介绍。

2.1 HTML语言

2.1.1 HTML简介

超文本链接标示语言（Hypertext Markup Language，HTML）最初的出现是为了世界各地的科学家们能够方便地进行合作研究，它不是程序语言，是由文字及标记组合而成，HTML不但可以用来结构化网页上的信息，如标题、段落和列表等，还可以用来将图片、链接、音乐和程序等非文字的元素添加到网页上。浏览器或者其他可以浏览网页的设备将这些HTML语言“翻译”过来，并按照定义的格式显示出来，转化成最终看到的网页。现在它已经成为国际准，由万维网联盟（W3C）维护。

目前HTML编辑器有很多，可以是任何文本编辑器或者网页编辑制作工具，如FrontPage、Dreamweave。生成的HTML文件最常用的扩展名是.html，.htm也很常用。

由于HTML的标准比较松散，很多不规范的HTML代码逐渐出现，使得页面体积越来越庞大，而且数据和表现混在一起，这样，XML就被用来描述数据，而HTML则用来显示数据。另外，当前很多浏览器不是运行在计算机中，而是运行在移动电话和一些信息家电上，这些浏览器没有办法解析不规范的标记语言，因此，XHTML应运而生，它是HTML和XML的结合，也是HTML向XML过渡的一个桥梁。它比HTML更加严密，代码也更加整洁，使我们能够编写出结构良好的文档，并且可以很好地工作于所有的浏览器、无线设备等。

2.1.2 HTML文档结构

HTML文件是纯文本文件，可以用所有的文本编辑器进行编辑，如记事本等，也可以使用可视化编辑器，如FrontPage、Dreamweaver等。

在HTML中，由<>和</>括起来的文本称为“标签”，< >表示开始标签，</>表示结束标签，开始标签和结束标签配对使用，它们之间的部分是该标签的作用域，如<html></html>等，HTML就是以这些标签来控制内容的显示方式。

HTML文档由标记与属性组成，浏览器只要看到HTML标记与属性就会将它解析成网页。HTML文档结构代码如下所示：

```
<html>
    <head>
        <title>页面标题</title>
    </head>
    <body>
        文件主体
    </body>
```

</html>

上述代码是创建一个HTML文件的最基本结构，所有HTML文件都要包含这些基本部分。其中：

①<html>和</html>表示该文档是HTML文档。

②<head>和</head>标明文档的头部信息，一般包括标题和主题信息，该部分信息不会出现在页面正文中，也可以在其中嵌入其他标签，表示如文件标题、编码方式等属性。

③<title>和</title>表示该文档的标题，标签间的文本显示在浏览器的标题栏中。

④<body>和</body>是网页的主体信息，可以包括各种字符、表格、图像及各种嵌入对象等信息。

在HTML中按照格式来划分标签可分为两类，大部分标签是成对出现的，需要开始标签和结束标签；也有一些标签不需要成对出现，单独出现一次就可以，这类标签通常不控制显示形态，如
表示换行。

标签是不区分大小写的。

2.1.3 HTML常用标记

文本是网页中最基本也是最重要的元素之一，在网页上输入、编辑、格式化文本元素是制作网页的基本操作。文本的主要作用是帮助网页浏览者快速地了解网页的内容，它通常是网页内容的基础，是网页中必不可少的元素，常用的文本标签分为标题标签、段落标签和格式化标签3类。

（1）标题标签<hi>。<hi>设置网页内容标题标签，通过<hi>...</hi>标签配对使用设置HTML网页内容标题，标题标签共分6种，分别表示不同字号的标题，i可以取值为1~6。同时，在<hi>中可以使用属性<align>来设置标题对齐方式，如果没有设置< align>属性，默认对齐方式是left（左对齐）。

（2）分段标记<p>。

<p>段落文字</p>

<p>用来标记段落的开始，</p>可以用来标记一个段落的结束，也可以省略，到下一个<p>开始新的段落。

（3）换行标记
。

<p>段内第一行文字
段内第二行文字
段内第三行文字</p>

（4）文档主体标记<body>。

<body>用于标记HTML文档的主体部分，文档主体中通常会包含很多其他标记，这些标记和标记属性构成HTML文档的主体部分。

<body>标记的主要属性如下：

·bgcolor设置页面背景颜色，如bgcolor="#CCFFCC"。

·background设置背景图片，如background="images/bg.gif"。

·bgproperties="fixed"使背景图片不随滚动条的滚动而动。

·text设置文档正文的文字颜色，如text="#FF6666"。

（5）正文标题标记。

<h1>1号正文标题文字</h1>

<h2>2号正文标题文字</h2>

<h3>3号正文标题文字</h3>

<h4>4号正文标题文字</h4>

<h5>5号正文标题文字</h5>

<h6>6号正文标题文字</h6>

（6）注释标记。

<!--注释文字-->

（7）文本格式标记。HTML使用文本格式标记来设置文本信息的显示格式，如粗体、斜体、上标、下标等。常用文本格式标记有以下七种。

·<b>：粗体。

·<i>：斜体。

·<del>：文字中部画线表示删除。

·<ins>：文字下部画线表示填充。

·<sub>：下标。

·<sup>：上标。

·<pre>：原样显示，保留空格和换行。

（8）字体标记<font>。<font>标记用于设置字体的类型、大小和颜色。常用属性有以下几种。

·face设置字体类型：<font face="宋体">文字内容</font>

·size设置字体大小：<font size="6">文字内容</font>

·color设置字体颜色：<font color="#9932cc">文字内容</font>

（9）图片标记<img>。<img>标记用于在HTML页面中插入图片。使用方法为：

<img>标记的其他属性有以下几种：

①alt在不支持图片显示的浏览器中将显示本属性值：

<img src="youyou. png" alt="悠悠的照片">

②width/height设置图片的大小，默认是原图片大小：

<img src="youyou.png" width="200" height="120">

<img src="youyou.png" width="30号" height ="30号">

③align设置图片的水平和垂直对齐方式：

<img sre="youyou.png" align="center">

④border设置图片边框线条宽度：

<img src="youyou. png" border ="2">

（10）特殊字符标记。常用特殊字符有空格符、<、>、&等，HTML中可使用字符实体（Character Entities）表示拉丁字符。

①&.实体名，如：&.lt。

②&.#实体编号，如：&.#60。

常用特殊字符的实体名和实体编号表示如表2-1所示。

表2-1　常用特殊字符表示

显示效果	符号说明	实体名表示	实体表号表示
	显示一个空格		
<	小于	<	<
>	大于	>	>
&	&符号	&	&
"	双引号	"	"
C	版权	©	©
R	注册商标	®	®
×	乘号	×	×
÷	除号	÷	÷

（11）URL标记。URL，即Universal Resource Locator，全球资源定位，是超链接的寻址方式，有了URL，HTTP不仅能辨别Internet上的计算机，还能找出文件在计算机的哪个目录，即URL所代表的正是Web服务器、网页及超链接的网址。

①绝对URL。绝对URL包含了通信协议的类型、服务器名称、文件夹名称等，我们在Internet上进行访问时需要输入绝对URL，例如http://www.microsoft.com/taiwan/product/default.htm。

②相对URL。相对URL通常只包含文件夹名称和文件名，有时甚至连文件夹名称都可以省略。当超链接所要连接的文件和超链接所属的文件位于相同的服务器或相同的文件夹时，用户就可以采用相对URL，而不必将URL的通信协议、服务器名称全部写出。

a.文件相对URL：同级目录之间相互访问，直接写“文件名”；高级目录访问低级目录文件，需要写“文件夹/文件名”；低级目录访问高级目录文件，需要写“../文件夹/文件名”；如果高级目录与低级目录之间差的级别比较多，那么可以多次使用..和/，以返回多级高级目录或者访问多级低级目录。

相对URL目录结构如图2-1所示。

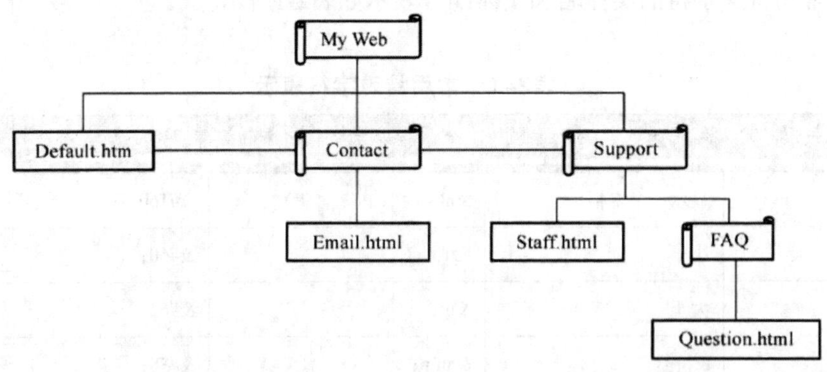

图2–1　文件相对 URL目录结构

b.服务器相对URL。它是相对于服务器的根目录。

斜线“/”代表根目录，表示任何文件或文件夹都必须从根目录开始。我们当前阶段采用文件相对URL，以后再结合服务器相对URL。服务器相对URL如图

2-2所示。

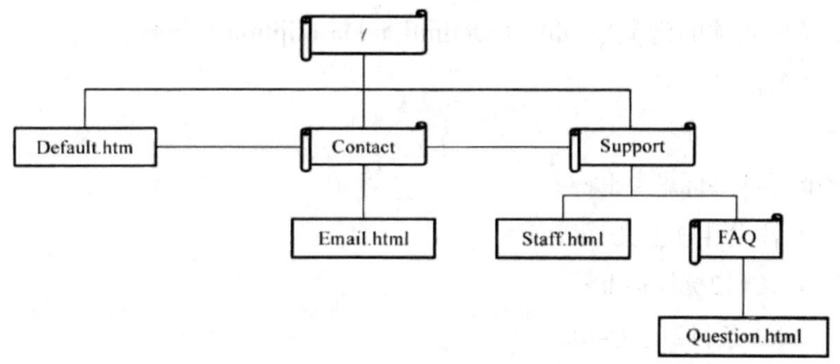

图2–2　服务器相对URL目录结构

（12）列表。列表分为有序列表、无序列表、定义列表。

①有序列表（Ordered List）。有序列表是一列使用数字进行标记的项目，它使用<li>包含于<ol>标签（ordered lists）内，使用方法如下：

```
<ol type="a"> <!--可选属性type用于设置列表符号-->
    <1i>列表条目1</1i>
<!-- type允许取值："1"，"a"，"A"，"i"，"I"-->
    <1i>列表条目2</1i>
</ol>
```

有序列表默认情况下使用数字作为列表的开始，也可以通过type属性将其设置为英文或罗马数字。

②无序列表（Unordered List）。无序列表是一组使用项目符号（黑点●、圆圈○、方框□）进行标记的项目，各个列表项之间没有顺序级别之分。它使用<li>包含在<ul>标签（unordered lists）内，使用方法如下：

```
<ul type="disc"> <!--可选属性type用于设置列表符号-->
    <li>列表条目1</l>
<!--type允许取值："disc"，"circle"，"square"-->
    <li>列表条目2</li>
</ul>
```

无序列表默认情况下使用●作为列表的开始，也可以通过type属性将其设置为○或□。

③定义列表（Declare List）。定义列表语义上表示项目及其注释的组合，它以<dl>标签（Definition Lists）开始，自定义列表项以<dt>（Definition Title）开始，自定义列表项的定义以<dd>（Definition Description）开始。

其使用方法如下：

```
<dl>
    <dt>条目1标题</dt>
      <dd>条目1正文</dd>
    <dt>条目2标题</dt>
      <dd>条目2正文</dd>
</dl>
```

（13）表格。表格是网页中十分重要的组成元素，用来存储数据。表格包含标题、表头、行和单元格。在HTML语言中，表格、标记使用符号<table>表示。定义表格仅仅使用<table>是不够的，还需要定义表格中的行、列、标题等内容，常用的标记有<tr>、<td>、<th>、<caption>等。

表格相关标记的属性如下。

·width/height：指定表格或某一单元格的宽度/高度。

·border：指定边框线条的宽度。

·bordercolor：指定边框线条的颜色。

·bgcolor：指定表格或某一单元格的背景颜色。

·background：指定表格或某一单元格的背景图片。

·align：设置单元格对齐方式。

·cellspacing：设置单元格间距。

·cellpadding：设置单元格内容与单元格边界之间的距离。

·colspan/rowspan：实现跨列/跨行单元格。

（14）页面框架。页面框架通常会将浏览器窗口分割为两个及以上的部分，每个部分连接至不同的HTML文件。可以将一个浏览器窗口分割成多个窗格，以同时显示多个不同页面。页面框架可以分行分割、列分割和混合分割。

①行分割。使用方法为：

```
<html>
    <frameset rows="25号，*">
      <frame arc="a. html">
      <frame src="b. html">
```

```
    </frameset>
</html>
```

②列分隔。使用方法为：

```
<html>
    <frameset cols="300,400,*" border= "0">
    <frame name="myframe1" noresize src="a.html">
</html>
```

（15）页面框架。页面框架通常会将浏览器窗口分割为两个及以上的部分，每个部分连接至不同的HTML文件。可以将一个浏览器窗口分割成多个窗格，以同时显示多个不同页面。页面框架可以分行分割、列分割和混合分割。

①行分割。使用方法为：

```
<html>
    <frameset rows="25号，*">
        <frame arc="a.html" >
        <frame src="b.html">
    </frameset>
</html>
```

②列分隔。使用方法为：

```
<html>
    <frameset cols= "300,400,*" border="0">
    <frame name="myframe1" noresize src="a.html">
</html>
```

（16）多媒体嵌入文件。<applet>标记用于在页面中嵌入Java Applet。<embed>标记用于在页面中嵌入多种音频和视频格式，格式播放取决于浏览者系统中的播放器，浏览者计算机上需事先安装好相应的处理程序。常用嵌入文件格式有mp3、mid、wma、asf（流媒体）、asx（音频）、rm、ra、ram、swf、avi等。

<embed>标记用法为：

```
<embed src=auto start="true" 1oop="true" hidden="false" controls="CONSOLE" width="200" height="45">
```

controls属性规定控制面板的外观，可取值为：console、smallconsole、playbutton、pausebutton、stopbutton和volumelever，默认值是console。

·console：一般正常面板；

·smallconsole：较小的面板；

·playbutton：只显示播放按钮；

·pausebutton：只显示暂停按钮；

·stopbutton：只显示停止按钮；

·volumelever：只显示音量调节按钮。

比较特殊的是，针对rm、ra、ram格式的音频文件，需要在<embed>标记中添加type属性：

<embed src="..." type ="audio/x -pn- realaudio-plugin" autostart = "true" loop = "true" hidden="false" controls="CONSOLE" width="200" height="45">

另外，Internet Explorer浏览器还提供了一种更简单的背景音乐使用：

<bgsound src="... wma" loop=3>

<bgsound>标签的src属性常用文件格式为midi、wav、mp3和wma类型的音乐。

loop用于指定背景音乐的循环播放次数，设置为-1则表示无限循环，浏览者可以通过单击浏览器的“停止”按钮停止背景音乐的播放。

（17）超级链接。Web上的网页都是互相连接的，通过超链接可以链接到其他页面。这里的超链接就是具有链接能力的文字或图片，可以链接文本。媒体等网络资源。

创建超级链接的标签为<a>，基本格式为：

<A href="链接地址" target="超链接窗口打开方式">超链接名称</A>

如：<a href = “http://ww. bcpl. cn/zf. htm" target=".blank" >软件技术服务</a>

标签<a>的属性href指定了链接到的目标地址，该地址可以是文件所在位置，也可以是一个URL，只有正确指定目标地址，才能正确访问需要的资源。

属性target用于指定打开链接的目标窗口，其默认方式是原窗口。

（18）表单。在网页中，表单是最常用的网页元素，主要用来收集客户端信息，特别是在制作动态网页的时候，使得网页具有交互的功能。通常将表单设计在一个html文档中，当用户填写完信息后提交，表单的内容就可以从客户端发送到服务器端，经过服务器端处理，将用户所需信息传送给客户端的浏览器上，完成一次交互。表单通常由窗体和控件组成，一般包括文本框。单选按钮复选。单复选框按钮等。

表单是由<form>和</form>标签配对创建，在这两个标签之间的一切定义都属于表单的内容，可以包含所有的表单控件和伴随的数据。

创建表单的语法为：

< form action="url" method=getlpost name="myfom" target=".bane">m</form>

在表单<form>标签中主要属性有action、method和target等。

action属性的值是表单提交的处理程序的程序名，这个值是程序或脚本的一个完整URL，这个地址可以是绝对地址，也可以是相对地址，表示接收该表单信息的URL，如果这个属性是空值，则当前文档的URL，将被默认使用。当表单被提交时，服务器将执行该地址里的程序，完成提交数据的处理。如果该地址是一个邮件地址，则程序运行后会把提交的数据以邮件形式发送给指定的地址。

method属性是定义处理程序从表单中获得信息的方式，可取值为GET或POST，表示收集到的表单数据以何种形式发送。当method值为GET时，表示表单数据会被CGI或ASP程序从HTML文档中获得，并将数据附加在URL后，由用户端直接发送至服务器，所以速度较快，但是这种方式传送的数据最是有所限制的。如果不指定method的值，默认就是GET；如果method的值取为POST。表单数据是和URL分开发送的，用户端会通知服务器来读取数据，这样传送的数据量要比GET方式大得多，缺点是速度相对较慢。

target属性是用来指定目标窗口的打开方式。表单的目标窗口是用来显示表单的返回信息，如是不是提交成功或出错等。目标窗口的打开方式有4个取值：_blank表示返回信息在新打开的窗口显示；_self表示在当前浏览器窗口显示；_top表示在顶级浏览器窗口中显示；_parent表示在父级窗口显示。

（19）表单控件。在表单控件中，可以按照填写方式不同，分为输入类和菜单列表类两类。输入类的控件一般就以input开始，说明这个控件需要输入。

该标签的语法为：

```
<form>
    <input name="控件名称" type="控件类型">
</form>
```

控件名称是来标识当前选择的控件的，而类型的值及控件属性主要有文本框（text）、密码域（password）和按钮（buttom、submit、reset）。

2.2 CSS样式表

CSS（Cascading Style Sheet）是W3C协会为弥补HTML在显示属性设定上的不足而制定的一套扩展样式标准。CSS标准中重新定义了HTML中原来的文字显示样式，增加了一些新概念，如类、层等，可以对文字重叠、定位等。在CSS还没有引入到页面设计之前，传统的HTML语言要实现页面美化在设计上是十分麻烦的，例如，要设计页面中文字的样式，如果使用传统的HTML语句来设计页面就不得不在每个需要设计的文字上都定义样式。CSS的出现改变了这一传统模式。

2.2.1 CSS的基本概念

CSS是W3C协会为弥补HTML在显示属性设定上的不足而定制的一套扩展样式标准，它的全称是Cascading Style Sheets。传统HTML在页面排版和显示效果设置方面存在一些问题，自从引入CSS后，HTML标记专门用于定义网页的内容，而使用CSS来设置其显示效果。

CSS标准中重新定义了HTML中原来的文字显示样式，增加了一些新概念，如类、层等，可以对文字重叠、定位等。在CSS引入页面设计之前，传统的HTML语言要实现页面美化在设计上是十分麻烦的，例如要设计页面中文字的样式，如果使用传统的HTML语句来设计页面就不得不在每个需要设计的文字上都定义样式。CSS的出现改变了这一传统模式。

2.2.2　CSS样式的组成

CSS样式主要由三部分组成：选择器（或者选择符，Selector）、属性名（Property）、属性值（Value）。语法格式如下所示：

选择符{属性：属性值；}

语法说明如下：

（1）选择器：又称选择符，是CSS中很重要的概念，所有HTML语言中的标记都是通过不同的CSS选择器进行控制的。

（2）属性：主要包括字体属性、文本属性、背景属性、布局属性、边界属性、列表项目属性、表格属性等内容。其中一些属性只有部分浏览器支持，因此使CSS属性的使用变得更加复杂。

（3）属性值：为某属性的有效值。属性与属性值之间以“:”分割。当有多个属性时，使用“;”分割。

另外，还可以在CSS中加注释，示例代码如下：

```
/*设置段落显示样式*/
p{text-align:center;  /*文本居中*/
color:red;}          /*字体为红色*/
```

2.2.3　CSS选择符

CSS选择符常用的是标签选择符、类别选择符、id选择符等。使用选择符即可对不同的HTML标签进行控制，从而实现各种效果。下面对各种选择符进行详细介绍。

（1）标签选择符。HTML页面是由很多标签组成的，标签选择符就是使用HTML中已有的标签作为选择符。标签选择符的结构如图2-3所示。

使用的时候跟原来的方式一样，直接调用<h1>标记就可以了，页面中所有的<h1>标签文本都被设置为红色，字体大小设置为25像素。

使用标签选择符非常快捷，但是会有一定的局限性，如果声明标签标记选择符，那么页面中所有该标签内容都会有相应的变化。假如页面中有3个<h1>标签，如果想要每个<h1>的显示效果不一样，使用标签选择符就无法实现了，这时就需要引入class选择符。

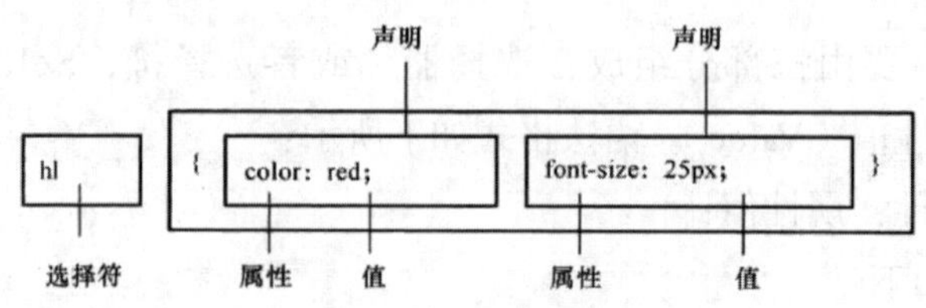

图2-3 标签选择符

（2）类别选择符。类别选择符的名称由用户自己定义，并以“.”开头，定义的属性与属性值也要遵循CSS规范。要应用类别选择符的HTML标签，只需要使用class属性来声明即可。类别选择符的结构如图2-4所示。

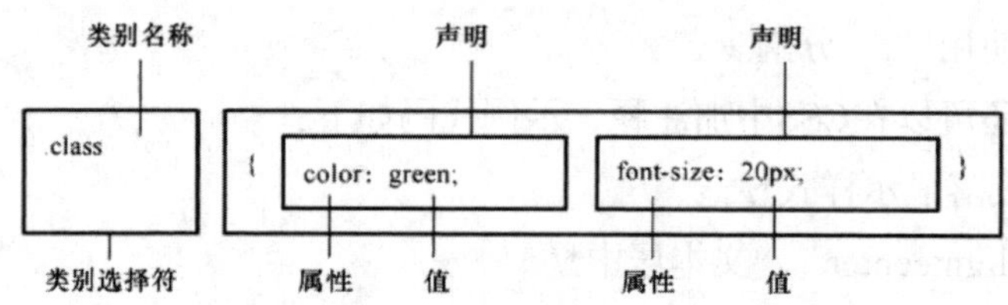

图2-4 类别选择符

（3）id选择符。id选择符是通过HTML页面中的id属性来选择增添样式，与类别选择符基本相同。但需要注意的是，HTML页面中不能包含两个相同的id标签，因此定义的id选择符只能被使用一次，一般用来设置独一无二的样式。

命名id选择符要以“#”号开始，后加HTML标签中的id属性值。id选择符的结构如图2-5所示。

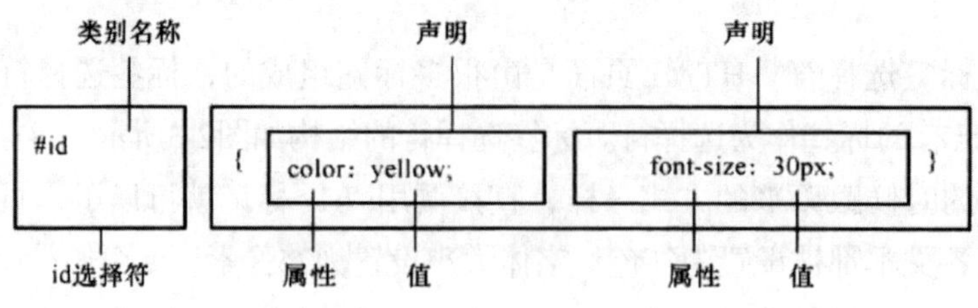

图2-5 id 选择符

（4）伪类及伪对象选择符。伪类及伪对象选择符是CSS预先定义好的类和对象，编写格式如下：

选择符：伪类

选择符：伪对象

具体使用方法为：

a:visited{color: # ff0000;}

使用时无须用id或者class指明名字，正常调用<a>标记就可以了，以上代码表示页面中的超链接被访问过后，其样式设置为红色文本。

（5）通配选择符。在DOS操作系统中有一个通配符，如*.*代表任何文件，*.mp3代表所有的mp3文件。在CSS中也有*通配选择符，代表所有对象，例如：

*{margina:0px;}代表所有对象的外边距为0像素。

（6）通配组合。通配组合形成新的选择符类型，常用的有4种组合方式。

①群组选择符。即当需要对多个选择符进行相同的样式设置时，可以把多个选择符写在一起，并用逗号分隔，例如：

p,span,div, li{color:# f0000}

这是一种简化的办法，压缩了代码的编写量，也使代码更容易维护。

②包含选择符。即通过标签的嵌套包含关系组合选择符，包含关系的两个选择符用空格分隔，例如：

#menu ul{1ist-style:none; margin:0px;}

#menu ul li{float:1eft;}

以上代码意思是只有menu选择符内的ul标签取消列表前的点并且删除ul的缩进，只有嵌套在menu选择符内的ul标签的li标签设置float属性，让内容都在同一行显示。

③标签指定式选择符。即标签选择符和id或class的组合，两者之间不需分隔，例如：

#hello{color:#f000;}

.reader{color:#000ff;}

p#hello{color:#f0000;}

p.reader{color:#000ff;}

以上代码意思是id名称为hello的p标签文本为红色，class名称为reader的p标签为蓝色。

④自由组合选择符。即综合以上的选择符类型自由组合的选择符，例如：

p#hello hl{color:#f0000;}

以上代码意思是id名称为hello的p标签内hl标签的文本为红色。

2.2.4 CSS规则

在CSS样式表中包括3部分内容：选择符、属性和属性值。语法格式为：

选择符{属性：属性值；}

语法说明如下：

选择符：又称选择器，是CSS中很重要的概念，所有HTML语言中的标记都是通过不同的CSS选择器进行控制的。

属性：主要包括字体属性、文本属性、背景属性、布局属性、边界属性、列表项目属性、表格属性等内容。其中一些属性只有部分浏览器支持，因此使CSS属性的使用变得更加复杂。

属性值：为某属性的有效值。属性与属性值之间以“:”号分隔。当有多个属性时，使用“;”分隔。

2.2.5 在页面中包含CSS

在对CSS有了一定了解后，下面为大家介绍如何实现在页面中包含CSS样式的几种方式，其中包括行内样式、内嵌式、链接式和导入式。

（1）行内样式。行内样式是比较直接的一种样式，直接定义在HTML标记之内，通过style属性来实现。这种方式也是比较容易令初学者接受，但是灵活性不强。

（2）内嵌式样式表。内嵌式样式表就是在页面中使用<style></style>标记将CSS样式包含在页面中。内嵌式样式表的形式没有行内标记表现的直接，但是能够使页面更加规整。

与行内样式相比，内嵌式样式表更加便于维护，但是如果每个网站都不可能由一个页面构成，而每个页面中相同的HTML标记都要求有相同的样式，此时使用内嵌式样式表就显得比较笨重，而用链接式样式表解决了这一问题。

（3）链接式样式表。链接外部css样式表是最常用的一种引用样式表的方式，将CSS样式定义在一个单独的文件中，然后在HTML页面中通过<link>标记引用，是一种最为有效的使用CSS样式的方式。

<link>标记的语法结构如下：

```
<link rel='stylesheet' href='path' type='text/css'>
```

参数说明如下。

rel：定义外部文档和调用文档间的关系。

href：CSS文档的绝对或相对路径。

type：指的是外部文件的MIME类型。

2.2.6　CSS的属性

（1）字体属性。字体属性用于设置字体的类型、大小、颜色及显示风格等，CSS主要字体属性包括以下几种。

①font-family：设置字体类型，如Arial“宋体”等。

②font-size：设置字体大小，常用度量单位pt和px。

③font-style：设置字体风格，可选值为normal、italic和oblique。

④font-weight：设置字体重量，常用值为normal和bold。

⑤font：综合设置上述各种字体属性。

（2）文本属性。文本属性用于设置文本的对齐和缩进方式、行高、字间距、文本颜色和修饰效果等，CSS主要文本属性包括以下几种。

①text-align：设置文本对齐方式，可选值为left、center、right、justifty。

②text-indent：设置首行缩进，其值可采用绝对或相对的长度单位及百分比。

③line-height：设置行高，其值可采用绝对或相对的长度单位及百分比。

④letter-spacing：设置字符间距，其值可采用绝对或相对的长度单位。

```
<html>
    color：设置文本颜色。
</html>
```

CSS样式表中，长度单位分为两类。

①绝对长度单位：in英寸Inches（1英寸=2.54厘米）；cm厘米Centimeters；mm毫米Millimeters；pt点Points（1点=1/72英寸）；pc皮卡Picas（1皮卡=12点）。

②相对长度单位：em元素的字体高度；ex字母X的高度；px像素Pixels；%百分比Percentage。

（3）其他常用属性。CSS其他常用属性如表2-2所示。

表2-2　CSS其他常用属性

背景属性	background-color、background-image、background-repeat、background-position、background
边框属性	border-style、border-width、border-color、border
单边边框属性	border-top-width
边距属性	margin-top、margin-bottom、margin-left、margin-right、margin
间隙属性	padding-top、padding-bottom、padding-left、padding-right、padding

2.3　JavaScript脚本语言

JavaScript是一种解释性的，基于对象的脚本语言（An Interpreted，Object-based Scripting Language）。其前身是LiveScript，JavaScript的正式名称是“ECMAScript”，是由Netscape（Navigator 2.0）公司的Brendan Eich发明了这门语言，从1996年开始，它就出现在所有的Netscape和Microsoft浏览器中。现在几乎所有浏览器都支持JavaScript，如Internet Explorer（IE）、Firefox、Netscape、Mozilla和Opera等。

JavaScript正式的标准是ECMA-262，这个标准基于JavaScript（Netscape）和JScript（Microsoft）。标准由ECMA组织发展和维护。

2.3.1　在HTML页面中使用JavaScript

JavaScript是一种解释性编程语言，其源代码在被网络传送到客户端执行之前不需经过编译，而是将文本格式的字符代码发送给客户，由浏览器解释执行。JavaScript的代码是一种文本字符格式，可以直接嵌入HTML文档中，并且可动态装载。在JavaScript中，可以添加注释来对JavaScript进行解释，或者提高其可读性。

JavaScript的注释分为两种：一种是单行注释，以//开始；另一种是多行注释，以/*开始，以*/结束，/*和*/配对使用。

在HTML页面中使用JavaScript的方法有两种：一种是直接加入到HTML文件中；另外一种是引用方式。简单的JavaScript应用通常都采用第一种方式，即直接加入到HTML文档中。复杂的JavaScript会采用引用的方式，采用引用会使网页代码结构更为清晰、易用。实践中，大型网页的应用通常都采用这种方式。

2.3.2　JavaScript的语法

JavaScript与Java在语法上有些相似，但也不尽相同。下面将结合Java语言对编写JavaScript代码时需要注意的事项进行详细介绍。

（1）JavaScript区分大小写。JavaScript区分大小写，这一点与Java语言是相同的。例如，变量username与变量userName是两个不同的变量。

（2）每行结尾的分号可有可无与Java语言不同，JavaScript并不要求必须以分号（;）作为语句的结束标记。如果语句的结束处没有分号，JavaScript 会自动将该行代码的结尾作为语句的结尾。

例如，下面的两行代码都是正确的。

alert（“您好!欢迎访问我公司网站!”）

alert（“您好!欢迎访问我公司网站!”）;

说明：最好的代码编写习惯是在每行代码的结尾处加上分号，这样可以保证每行代码的准确性。

（3）变量是弱类型的。与Java语言不同，JavaScript的变量是弱类型的。因此在定义变量时，只使用var运算符，就可以将变量初始化为任意的值。例如，通过以下代码可以将变量username初始化为mrsoft，而将变量age初始化为20。

```
var username="mrsoft";    //将变量username初始化为mrsoft
var age=20;               //将变量age初始化为20
```

（4）使用大括号标记代码块。与Java语言相同，JavaScript也是使用一对大括号标记代码块，被封装在大括号内的语句将按顺序执行。

（5）注释。在JavaScript中，提供了两种注释，即单行注释和多行注释，下面详细介绍。单行注释使用双斜线“//”开头，在“//”后面的文字为注释内容，在代码执行过程中不起任何作用。

2.3.3 JavaScript的数据类型

JavaScript的数据类型比较简单，主要有数值型、字符型、布尔型、转义字符、空值（null）和未定义值6种，下面分别介绍。

（1）数值型。JavaScript的数值型数据又可以分为整型和浮点型两种，下面分别进行介绍。

1）整型。JavaScript的整型数据可以是正整数、负整数和0，并且可以采用十进制、八进制或十六进制来表示。例如：

```
729       //表示十进制的729
071       //表示八进制的71
0x9405B   //表示十六进制的9405B
```

2）浮点型。浮点型数据由整数部分加小数部分组成，只能采用十进制，但是可以使用科学记数法或是标准方法来表示。例如：

```
3.1415926 //采用标准方法表示
1.6E5     //采用科学记数法表示，代表1.6*10*
```

（2）字符型。字符型数据是使用单引号或双引号括起来的一个或多个字符。单引号括起来的一个或多个字符，代码如下：

'a' ‘保护环境从我做起’

双引号括起来的一个或多个字符，代码如下：

"b" “系统公告：”

单引号定界的字符串中可以含有双引号，代码如下：

'<td width="25%" align="center" bgcolor="#F0F0F0">注册时间</td>'

双引号定界的字符串中可以含有单引号，代码如下：

"<td bgcolor='#FFFF'>"

以反斜杠开头的不可显示的特殊字符通常称为控制字符，也被称为转义字符。通过转义字符可以在字符串中添加不可显示的特殊字符，或者防止引号匹配混乱的问题。

（3）布尔型。布尔型数据只有两个值，即true或false，主要用来说明或代表一种状态或标志。在JavaScript中，也可以使用整数0表示false，使用非0的整数表示true。

（4）空值。JavaScript中有一个空值（null），用于定义空的或不存在的引用。如果试图引用一个没有定义的变量，则返回一个null值。

空值不等于空的字符串或0。

（5）未定义值。当使用了一个并未声明的变量，或者使用了一个已经声明但没有赋值的变量时，将返回未定义值（undefined）。

JavaScript中还有一种特殊类型的数字常量NaN，即“非数字”。当在程序中由于某种原因发生计算错误后，将产生一个没有意义的数字，此时JavaScript返回的数字值就是NaN。

2.3.4 变量的定义及使用

变量是指程序中一个已经命名的存储单元，其主要作用就是为数据操作提供存放信息的容器。在使用变量前，必须明确变量的命名规则、变量的声明方法及变量的作用域。

2.3.4.1 变量的命名规则

JavaScript变量的命名规则如下。

（1）变量名由字母、数字或下划线组成，但必须以字母或下划线开头。

（2）变量名中不能有空格、加号、减号或逗号等符号。

（3）不能使用JavaScript中的关键字。

JavaScript的变量名是严格区分大小写的。例如，arr_week与arr_Week代表两个不同的变量。

2.3.4.2 变量的声明

在JavaScript中，可以使用关键字var声明变量，其语法格式如下：

var variable;

variable：用于指定变量名，该变量名必须遵守变量的命名规则。

在声明变量时需要遵守以下规则。

可以使用一个关键字var同时声明多个变量。例如：

var now=year.month.date;

可以在声明变量的同时对其进行赋值，即初始化。例如：

Vat now="2009-05-12",year="2009",month="5",date="12";

如果只是声明了变量，但未对其赋值，则其默认值为undefined。

当给一个尚未声明的变量赋值时，JavaScript会自动用该变量名创建一个全局变量。在一个函数内部，通常创建的只是一个仅在函数内部起作用的局部变量，而不是一个全局变量。要创建一个全局变量，则必须使用var关键字进行变量声明。

由于JavaScript采用弱类型，所以在声明变量时不需要指定变量的类型，而变量的类型将根据变量的值来确定。例如，声明以下变量：

```
var number=10        //数值型
var info="欢迎访问我公司网站! http://www.mingribook.com";  //字符型
var flag=true        //布尔型
```

2.3.4.3 变量的作用域

变量的作用域是指变量在程序中的有效范围。在JavaScript中，根据变量的作用域可以将变量分为全局变量和局部变量两种。全局变量是定义在所有函数之外，作用于整个脚本代码的变量；局部变量是定义在函数体内，只作用于函数体内的变量。例如，下面的代码将说明变量的有效范围。

```
<script language="javascript">
```

```
var company="明日科技";
//该变量在函数外声明。作用于整个脚本代码
var url="www.mingribook.com";
//该变量在函数内声明，只作用于该函数体
alert（company+url）;
</script>
```

2.3.5　运算符的应用

运算符是用来完成计算或者比较数据等一系列操作的符号。常用的JavaScript运算符按类型可分为赋值运算符、算术运算符、比较运算符、逻辑运算符、条件运算符和字符串运算符6种。

2.3.5.1　赋值运算符

JavaScript中的赋值运算可以分为简单赋值运算和复合赋值运算。简单赋值运算是将赋值运算符（=）右边表达式的值保存到左边的变量中；而复合赋值运算混合了其他操作（算术运算操作、位操作等）和赋值操作。例如

sum+=i;//等同于sum =sum+i;

JavaScript中的赋值运算符见表2-3。

表2–3　JavaScript 中的赋值运算符

运算符	描述	示例
=	将右边表达式的值赋给左边的变量	userName="mr"
+=	将运算符左边的变量加上右边表达式的值赋给左边的变量	a+=b //相当于a=a+b
-=	将运算符左边的变量减去右边表达式的值赋给左边的变量	a-=b //相当于 a=a-b
*=	将运算符左边的变量乘以右边表达式的值赋给左边的变量	a*=b //相当于 a=a*b
/=	将运算符左边的变量除以右边表达式的值赋给左边的变量	a/=b //相当于 a=a/b

续表

运算符	描述	示例
%=	将运算符左边的变量用右边表达式的值求模，并将结果赋给左边的变量	a%=b //相当于 a=a%b
&=	将运算符左边的变量与右边表达式的值进行逻辑与运算，并将结果赋给左边的变量	a&=b //相当于 a=a&b
|=	将运算符左边的变量与右边表达式的值进行逻辑或运算，并将结果赋给左边的变量	a|=b 1 //相当于a=a|b
^=	将运算符左边的变量与右边表达式的值进行异或运算，并将结果赋给左边的变量	a^=b//相当于a= a^b

2.3.5.2 算术运算符

算术运算符用于在程序中进行加、减、乘、除等运算。在JavaScript中常用的算术运算符见表2-4。

表2-4 JavaScript 中的算术运算符

运算符	描述	示例
+	加运算符	4+6//返回值10
-	减运算符	7-2//返回值5
*	乘运算符	7*3//返回值21
/	除运算符	12/3//返回值4
%	求模运算符	7%4//返回值3
++	自增运算符。该运算符有两种情况：i++（在使用i之后，使i的值加1）；++i（在使用i之前，先使i的值加1）	i=1; j=i++//j的值为1,i的值为2 i=1; j=++i//j的值为2,i的值为2
--	自减运算符。该运算符有两种情况：i--（在使用i之后，使i的值减1）；--i（在使用i之前，先使i的值减1）	i=6; j=i--//j的值为6,i的值为5 i=6; j=--i//j的值为5，i的值为5

2.3.5.3 比较运算符

比较运算符的基本操作过程是：首先对操作数进行比较，这个操作数可以是数字也可以是字符串，然后返回一个布尔值true或false。在JavaScript中常用的比较运算符见表2-5。

表2-5 JavaScript 中的比较运算符

运算符	描述	示例
<	小于	1<6//返回值为true
>	大于	7>10//返回值为false
<=	小于等于	10<=10//返回值为true
>=	大于等于	3>=6//返回值为false
==	等于。只根据表面值进行判断，不涉及数据类型	"17"= =17//返回值为true
===	绝对等于。根据表面值和数据类型同时进行判断	"17"= = =17/返回值为false
!=	不等于。只根据表面值进行判断，不涉及数据类型	"17"!=17//返回值为false
!==	不绝对等于。根据表面值和数据类型同时进行判断	"17"!= =17//返回值为true

2.3.5.4 逻辑运算符

逻辑运算符通常和比较运算符一起使用，用来表示复杂的比较运算，常用于if、while和for语句中，其返回结果为一个布尔值。JavaScript 中常用的逻辑运算符见表2-6。

表2-6 JavaScript中的逻辑运算符

运算符	描述	示例
!	逻辑非。否定条件，即!假=真，!真=假	!true//值为false
&&	逻辑与。只有当两个操作数的值都为true时，值才为true	true&&flase//值为false
||	逻辑或。只要两个操作数其中之一为true，值就为true	true||false//值为true

2.3.5.5 条件运算符

条件运算符是JavaScript支持的一种特殊的三目运算符，其语法格式如下：

操作数?结果1:结果2

如果“操作数”的值为true，则整个表达式的结果为“结果1”，否则为“结果2”例如，应用条件运算符计算两个数中的最大数，并赋值给另一个变量。代码如下：

```
var a=26;
var b=30;
var m=a>bra:b  //m的值为30
```

2.3.5.6 字符串运算符

字符串运算符是用于两个字符型数据之间的运算符，除了比较运算符外，还可以是+和+=运算符。其中，+运算符用于连接两个字符串，而+=运算符则连接两个字符串，并将结果赋给第一个字符串。例如，在网页中弹出一个提示对话框，显示进行字符串运算后变量a的值。代码如下：

```
var a="One "+"world ";//将两个字符串连接后的值赋值给变量a
a+="One Dream"//连接两个字符串，并将结果赋给第一个字符串
alert(a);
```

2.3.6 JavaScript表单应用

2.3.6.1 JavaScript对象类型

JavaScript对象的类型分为4种：JavaScript本地对象和内置对象、Browser对象（BOM）、HTML DOM对象和自定义对象。

在JavaScript中，常用的内置对象有数组对象（Array）、字符串对象（String）、数学对象（Math）和日期对象（Date）等。

Browser对象（BOM）包括Window对象、Navigator对象、Screen对象、History对象和Location对象。

HTMLDOM对象包括Document对象、Event对象、Anchor对象、Form对象、Frame对象、Link对象和Table对象等。

2.3.6.2 对象的使用

在JavaScript中提供了几个用于操作对象的语句、关键词和运算符。主要通过fr.*in语句、with语句、this关键词和new运算符来使用。

2.3.6.3 表单验证

用户在Form中输入数据后，触发Sumbit事件，在该事件处理中常常设定数据校验的操作，如核对是否有些文本框未输入数据、电话号码是否为8个数字和电邮地址是否有@符号等。如果校验成功，返回true，JavaScript向服务器提交Form；否则，提示用户出错，让用户重新输入数据。

2.3.7 JavaScript 的基本语法

2.3.7.1 语法的基本特点

JavaScript与Java在语法上有些相似，但也不尽相同。下面将结合Java语言对编写JavaScript代码时需要注意的事项进行详细介绍。

（1）JavaScript区分大小写。JavaScript区分大小写，这一点与Java语言是相同的。例如变量username与变量userName是两个不同的变量。

（2）每行结尾的分号可有可无。与Java语言不同，JavaScript并不要求必须以分号（;）作为语句的结束标记。如果语句的结束处没有分号，JavaScript会自动将该行代码的结尾作为语句的结尾。不过，最好的代码编写习惯是在每行代码的结尾处加上分号，这样可以保证每行代码的准确性。

（3）变量是弱类型的。与Java语言不同，JavaScript的变量是弱类型的。因此在定义变量时，只使用var运算符，就可以将变量初始化为任意的值。例如，通过以下代码可以将变量username初始化为mrsoft，而将变量age初始化为20。

```
var username ="mrsoft";
var age="20";
```

（4）没有char数据类型。与Java不同，JavaScript没有char 数据类型，要表示单个字符，必须使用长度为1的字符串。

2.3.7.2 JavaScript 的关键字

编程语言中，一些被赋予特定的含义并用作专门用途的单词称为关键字（Keyword）或保留字（Reserved Word）。JavaScript中的常用关键字如表2-7所示。

表2-7 JavaScript常用关键字

abstract	break	delete	function	return
case	do	if	switch	var
catch	else	in	this	void
continue	false	instanceof	throw	while
debugger	finally	new	true	with
default	for	null	try	typeof

2.3.7.3 JavaScript 的数据类型

JavaScript的数据类型比较简单，主要有整型、浮点型、字符型、布尔型。

（1）整型。JavaScript的整型可以是正整数、负整数和0，并且可以采用十进制、八进制或十六进制来表示。

（2）浮点型。浮点型数据由整数部分加小数部分组成，只能采用十进制，但是可以使用科学计数法或是标准方法来表示。

（3）字符型。字符型数据是使用单引号或双引号括起来的一个或多个字符。

（4）布尔型。布尔型数据只有两个值，即true或false，主要用来说明或代表一种状态或标志。在JavaScript中，也可以使用整数0表示false，使用非0的整数表示true。

JavaScript支持的基本对象类型有：内置对象（String、Math、Date）、浏览器对象（Window、Document、History、……用户自定义对象。

2.3.7.4 变量的定义及使用

变量的命名规则如下：

（1）必须以字母、下划线（“_”）或美元符（“$”）开头，后面可以跟字母、下划线、美元符和数字。

（2）变量名区分大小写（Case Sensitive）。

（3）不允许使用JavaScript关键字做变量名。

JavaScript作为弱类型语言，变量声明时不指定数据类型，其具体数据类型由给其所赋的值决定。

通常使用var声明变量，也可以不经声明而直接使用变量，但必须是先赋值再取用其值。

2.3.7.5 JavaScript的函数

JavaScript中的函数（Function）相当于其他编程语言中的方法（Method）或子程序（Subroutine），是用来完成相对独立功能的一段代码的集合。

JavaScript函数在定义时不需要指定其返回值类型和是否有返回值。函数定义格式如下所示。

```
function<函数名>（<形式参数列表>）{
<函数体代码>[<return语句>]
}
```

2.3.8 JavaScript事件

事件（Event）用于描述发生什么事情，用户的鼠标或键盘操作（如单击、文字输入、选中条目等）以及其他的页面操作（如页面加载和卸载等）都会触发相应的事件。

事件源（EventSource）：可能产生事件的组件，通常为表单组件。

事件驱动（EventDriven）：由事件引发程序的响应，执行事先预备好的事件处理代码。

事件处理代码（EventHandle）：JavaScript中事件处理代码通常定义为函数的形式，其中加入所需的处理逻辑，并将之关联到所关注的事件源组件上。

（1）onClick：鼠标单击事件，通常在表单组件中产生。

（2）onLoad：页面加载事件，当页面加载时，自动调用函数（方法）。注意：此方法只能写在<body>标签之中。

（3）onScroll：窗口滚动事件，当页面滚动时调用函数。注意：此事件写在方法的外面，且函数名（方法名）后不加括号。使用方法为：window.onseroll=move。

（4）onBlur：失去焦点事件，当光标离开文本框时触发调用函数。当text对象或textarea对象以及select对象不再拥有焦点而退到后台时，引发该事件，它与onFocas事件是一个对应的关系。

（5）onFocus事件：光标进入文本框时触发调用函数。当用户单击Text或textarea 以及select对象时，产生该事件。

（6）onChange事件：文本框的value值发生改变时调用函数。当利用text或textarea元素输入字符值改变时引发该事件，同时当在select表格项中一个选项状态改变后也会引发该事件。

（7）onSubmit事件：属于<form>表单元素，写在<form>表单标签内。使用方法为：

onSubmit="return函数名()";

（8）onKeyDown事件：在输入框中按下键盘上的任何一个键时，都会触发该事件，调用函数。注意：此事件写在方法的外面，且函数名（方法名）后不加括号。使用方法为：document.onkeydown=函数名()。

（9）setTimeout（“函数名()”，间隔时间）：函数每暂停一个时间间隔（以毫秒为单位）后执行，可以实现一些特殊的效果。

（10）clearTimeout（对象）：清除已设置的setTimeout对象。

（11）onMouseOver：鼠标移动到某对象范围的上方时，触发事件调用函数。注意：在同一个区域之内，无论怎样移动都只触发一次函数。

（12）onMouseOut：鼠标离开某对象范围时触发事件调用函数。

（13）onMouseMove：鼠标移动到某对象范围的上方时，触发事件调用函数。注意：在同一个区域之内，只要移动一次就触发一次事件调用一次函数。

（14）onmouseup：当鼠标松开。

（15）onmousedown：当鼠标按下。

2.3.9　JavaScript常用对象

2.3.9.1　数学对象

内置对象Math提供常规的数学运算方法和数学常量：PI、abs()、sin()、cos()、sqrt()、pow()、random()。

2.3.9.2　字符串对象

String对象描述和处理文本字符串信息。常用属性和方法如下所示。

（1）length：字符串长度。

（2）charAt(idx)：返回指定下标处的字符。

（3）indexOf(chr)：子串第一次在字符串出现的位置。

（4）indexOf(chr, fromindex)：子串从指定位置起第一次出现位置。

（5）lastIndexOf(chr)：最后一次出现位置。

（6）substring(m, n)、substring(m)：从指定索引取子串。

（7）toLowerCase()：转化为小写。

（8）toUpperCase()：转化为大写。

2.3.9.3　常用浏览器对象

浏览器对象也属于JavaScript内置对象，使用这些对象可以实现与HTML页面间的交互。

（1）Window对象。Window对象表示的是浏览器窗口，可使用Window对象获取浏览器窗口的状态信息，也可以通过它来访问其他的浏览器对象及窗口中发生事件信息。Window对象是其他浏览器对象的共同祖先，所以一般在JavaScript程序中可以省略Window对象。

浏览器打开HTML文档时，通常会创建一个Window对象。Window 对象常用方法如下所示。

alert()：弹出警告框。

open(URL,windowName,parameterList)：打开一个URL，显示窗口名字，还

有工具条列表等。

close()：关闭窗口。

promt(text, Defaulttext)：弹出一个文本输入框。

confirm(text)：弹出确认窗口。

setInterval(func, timer)/clearInterval(timer)：设置/清除定期执行的任务。

（2）Navigator对象。Navigator对象是Window对象的属性，它封装了当前浏览器的相关信息，一般不进行操作。Navigator对象常用属性如下所示。

appName：浏览器的名称。

appVersion：浏览器的版本。

language：浏览器的语言，分为系统语言和用户语言。

platform：平台，使用的操作系统。

（3）Document对象。Document对象即是HTML文件本身，可以通过它访问网页上的所有组件，包含<html>...</html>标记之间的窗体、图片、表格超链接、框架等。

write(data)：将参数data所指定的字符串输出至浏览器。

writeln(data)：与write方法类似，但每次写完的内容的末尾多加一个换行符。

open方法：用于打开一个新的文档，与window.open方法类似。为了更加可靠，建议使用windows.open方法来打开新的文档。

close方法：当向新打开的文档对象中写完所有内容后，一定要调用该方法关闭文档流。否则，会出现无法确定的结果。

getElementByID(i)：取得html文件中ID属性为i的组件。可以为每个HTML元素指定一个id属性值，在同一个HTML文档中，不能有两个id属性值相同的元素。

getElementsByName(n)：取得html文件中name属性为n的组件。由于多个HTML元素可以有相同的name属性值，所以这里返回的是数组。

getElementsByTagName(t)：取得html文件中名称为t的组件。

2.4　框架（库）JQuery

jQuery是一个JavaScript 函数库。jQuery极大地简化了JavaScript编程。jQuery库可以通过一行简单的标记被添加到网页中。jQuery是一个轻量级的“写得少，做得多”的JavaScript库。

2.4.1　jQuery语法

jQuery语法是通过选取HTML元素，并对选取的元素执行某些操作。也就是说，jQuery的基本设计和主要用法，就是“选择某个网页元素，然后对其进行某种操作”。这是它区别于其他函数库的根本特点。

基础语法为：

·$(selector).action() · 美元符号$表示定义jQuery。

· 选择符(selector)表示“查询”和“查找”HTML元素。

·jQuery的action()表示执行对元素的操作。

实例用法如下：

$(his).hide()：隐藏当前元素。

$("p").hide()：隐藏所有<p>元素。

$("p.test").hide()：隐藏所有class="test"的<p>元素。

$("#test").hide()：隐藏所有id="test"的元素。

2.4.2 jQuery 事件操作

jQuery是为事件处理特别设计的。jQuery事件处理方法是jQuery中的核心函数。事件处理程序指的是当HTML中发生某些事件时所调用的方法。只需把所有jQuery代码置于事件处理函数中，把所有事件处理函数置于文档就绪事件处理器中，把jQuery代码置于单独的js文件中即可。如果存在名称冲突，则重命名jQuery库。

jQuery可以对网页元素绑定事件。根据不同的事件，运行相应的函数。通常会把jQuery代码放到<head>部分的事件处理方法中。

```
S(p).click{function(){
alert('Hello');
}};
```

使用.bind()可以更灵活地控制事件，比如为多个事件绑定同一个函数。

```
$(a).click{function(){
if(this'hef').math('evil'){ //如果确认为有害链接
e.preventDefault(); //阻止打开
$(this).addClass('evil'); //加上表示有害的class
}};
```

直接使用事件函数或使用trigger()都可以自动触发一个事件。

```
trigger.Handler();
$(a).click();
(a).trigger('click');
```

另外，jQuery 允许对象呈现某些特殊效果。比如：

```
S(h1).show(); //展现一个hl标题
```

常用的特殊效果如下：

- .fadeIn()：淡入。
- .fadeOut()：淡出。
- .fadeTo()：调整透明度。
- .hide()：隐藏元素。
- .show()：显示元素。
- .slideDown()：向下展开。

●.slideUp()向上卷起。

●.slideToggle()：依次展开或卷起某个元素。

●.toggle()：依次展示或隐藏某个元素。

2.4.3 Bootstrap脚本框架

Bootstrap来自Twitter，基于HTML、CSS、JavaScript，为开发人员创建接口提供了一个简洁统一的解决方案；包含了功能强大的内置组件；提供基于Web的定制；是开源的，可轻松创建Web项目。Bootstrap 具有以下特点。

●移动设备优先。自Bootstrap3起，框架包含了贯穿于整个库的移动设备优先的样式。

●浏览器支持。所有的主流浏览器都支持Bootstrap。

●容易上手。只要具备HTML和CSS的基础知识，就可以开始学习Bootstrap。

●响应式设计。Bootstrap 的响应式CSS能够自适应于台式机、平板电脑和手机。

Bootstrap提供了一个带有网格系统、链接样式、背景的基本结构。

（1）Bootstrap CSS。Bootstrap自带以下特性：全局的CSS设置、定义基本的HTML元素样式、可扩展的class以及一个先进的网格系统，故Bootstrap项目的开头包含下面的代码段：

```
<!IDOCTYPE html>
<html>
</html>
```

Bootstrap包含了一个响应式的、移动设备优先的、不固定的网格系统，可以随着设备或窗口大小的增加而适当地扩展到12列。它包含了用于简单布局选项的预定义类，也包含了用于生成更多语义布局的功能强大的混合类。

（2）布局组件。Bootstrap包含了字体图标、下拉菜单、按钮组、按钮下拉菜单、输入框组、导航元素、标签等十几个可重用的组件，用于创建图像、下拉菜单、导航、警告框、弹出框等，此处就不详细介绍了，需要深入了解的读者可以参照官网上的文档。

（3）插件。Bootstrap包含了十几个自定义的jQuery插件，扩展了功能，可以给站点添加更多互动。利用Bootstrap数据API可无需写一行JavaScript 代码就能使用所有的Bootstrap插件。

站点引用Bootstrap 插件的方式有两种。

①单独引用：使用Bootstrap的个别的*js文件。

②编译（同时）引用：使用bootstrap.js或压缩版的bootstrap.min.js。

实例1　鼠标经过表格时，显示提示信息

在浏览网站信息时，当鼠标经过表格的某个单元格时，会显示出相关的提示信息。运行本实例，当鼠标经过表格中的某个“图书名称”时，将显示提示信息。

实现本实例非常简单，主要通过设置表格<td>中的title属性来实现，title属性不是表格特有的属性，HTML中的绝大多数标签都具有该属性。

新建index.htm网页，在该网页中添加一个表格，并在“图书名称”的单元格中设置title属性，关键代码如下：

```
<table border="0" class="changeId">
<tr height="30">
   <td align= "center">图书编号</td> <td align="center">图书名称</td>
   <td align= "center">作者</d><td align="center">图书价格</td>
</tr>
<tr>
  <td>001</td>
<td title="单击了解本书的详细信息">
<a href="#">《JavaWeb范例大全》</a>
</td>
<td>明日科技</td><ld>98.00元</td>
</tr>
<tr>
```

```
<td>002</td>
<td title="单击了解本书的详细信息">
<a href="#">《Struts2深入详解》</a>
</td>
<td>孙鑫</d><td>79.00元</1d>
</tr>
<td>003</td><td>《Tomcat与JavaWeb技术详解》</td>
<td>孙卫琴</td><td>79.50元</td>
</tr>
<tr>
<td>004</td><td>《Java编程思想》第4版</td>
<td>Bruce Eckel</td><td>108.00元</td>
</tr>
</table>
```

根据本实例的实现，读者可以设置当鼠标经过图片时，显示图片的详细信息。在网页中添加图片使用的是<img>标签，只要设置相应<img>标签的title属性即可。

实例2　图片的灰度效果

在设计网站时，为了美化网站，有时需要把网站中添加的图片制作成灰度效果。本实例将通过CSS样式来设置图片的灰度效果。其语法格式如下：

```
{filter:gray}
```

（1）新建index.htm页面，编写图片灰度效果的CSS样式，关键代码如下：

```
<style type="text/css">
.old{filter：gray;}
</style>
```

（2）在页面中添加一个<img>标签，并且应用以上定义的CSS样式，关键代码如下：

<img class="old" src= “fj.JPG" width="400" height="300">

为了提高开发效率，可以将gray 滤镜的样式代码写到.css样式文件中，在图片需要加入特效时，直接通过<link>标签引用CSS样式文件即可，避免每次都编写图片滤镜的特效代码。

第3章

动态网页JSP技术

JSP（Java Server Pages）是一种动态页面技术，在传统的网页HTML文件（*.htm，*.html）中加入Java程序片段（Scriptlet）和JSP标签，就构成了JSP网页。JSP页面由HTML代码和嵌入其中的Java代码所组成。JSP网页中的Java程序片段可以操纵数据库，重新定向网页以及发送E-mail等，实现建立动态网站所需要的功能。所有程序操作都在服务器端执行，网络上传送给客户端的仅是得到的结果，大大降低了对客户浏览器的要求，即使客户浏览器端不支持Java，也可以访问JSP网页。它实现了HTML语法中的Java扩张（以<%，%>形式），这种扩张是在服务器端执行的，通常返回给客户端的就是一个HTML文本，因此客户端只要有浏览器就能浏览。Web服务器在遇到访问JSP网页的请求时，首先执行其中的程序段，然后将执行结果连同JSP文件中的HTML代码一起返回给客户端。

3.1　JSP页面元素

JSP页面中常见的页面元素有注释元素、模板元素、脚本元素、指令元素和动作元素，其分别详述如下。

3.1.1 注释元素

JSP页面中注释分为隐藏性注释、输出性注释和Scriptlet注释。

输出性注释是指会在客户端显示的注释，与HTML页面的注释一样，其表示形式为：

<!-- comments<%expression here%> -->

隐藏性注释是指在JSP页面中写好的注释，但经过编译后不会发送到客户端，不在客户端显示的注释，其作用主要是为了方便开发人员使用，其表示形式为：

<%-- comments here --%>

隐藏性注释，不生成页面内容。

Scriptlet注释是指注释Java程序代码的注释，其表示形式为：

<%//comment%>单行注释

<%/*comment*/%>块注释

3.1.2 模板元素

模板元素指在JSP页面文件中出现的静态HTML标签、XML内容、XSL、XSLT和JavaScript等。

3.1.3 脚本元素

脚本元素包含声明、表达式和Scriplets片段，即JSP页面中的Java代码。

（1）声明。是指在页面中声明合法的成员变量和成员方法，可以为Servlet声明成员变量或者方法，也可以重写JSP引擎父类的方法。

声明变量：

```
<%! String name=" ";%>
<%! public String getName(){return name;}%>
```

在JSP标签元素中<jsp:declaration>相当于<% !%>，它们的作用相同，可以采用任意种方式进行使用。

```
<jsp:declaration> String greetingStr="Hello,World!";</jsp:declaration>
```

声明方法：

```
<%!
public void print(){
greetingStr="welcome";
int i= 0;
}
%>
```

（2）表达式。就是位于<%=和%>之间的代码，通常是变量或者是有返回类型的方法，输出字符串内容到页面。如：

```
<%=greetingStr %>
```

注意：表达式后面没有“;”。

在JSP标签元素中<jsp:expression>相当于<%= %>中的“=”号，表示输出表达式，它们的作用相同，可以采用任意一种方式进行使用。

```
<jsp:expression> greetingStr</ jsp: expression>
```

（3）Scriptlets。就是位于<%和%>之间的、合法的Java代码，如业务逻辑代码等。

```
< %! greetingStr+ ="Best wishes to you!"; %>
```

在JSP标签元素中<jsp:scriptlet>相当于<% %>，它们的作用相同，可以采用任意一种方式进行使用。

```
< jsp: scriptlet>greetingStr+="Best wishes to you!"; </jsp:scriptlet>
```

3.1.4　指令元素

指令元素是指出现在<%@和%>之间，包含page指令include指令和taglib

指令。

（1）page指令。用于定义JSP文件的全局属性。其语法格式如下：

<%@ page [language= "java"] //声明脚本语言采用Java，目前只能是Java。

[import = "java.util. ArrayList"] //导入其他包中的Java类文件。

[contentType="text/html;charset= GBK"] //页面的格式和采用的编码，格式见MIME类型。

[session="{true|false}"] //这个页面是否支持Session，即是否可以在这个页面中使用。

Session[buffer="none|8kb|size kb]"]//指定到客户端的输出流采用的缓冲大小。

[autoFlush= "true|false"] //如果为true，表示当缓冲区满了，到客户端的输出会自动刷新，如果为false，则抛出异常。

[isThreadSafe= "true|false"] //如果为true，表示一个JSP页面可以同时处理多个用户的请求，否则只能一次处理一个。

[pageEncoding="encodingStr"]//页面的字符编码。

[isELIgnored = "true|false"] //是否支持EL表达式语言"${}"。

[isErrorPage ="true|false"] //该页面是否为错误信息页面，如果是则可以直接使用ex-ception对象。

[errorPage= "page url"] //页面出现错误后，跳转的页面与[isErrorPage]不能同时出现"]"。

[info= "description"] //有关页面的描述信息。

[extends= "package. class"] //继承了什么样的类。

[method= "service"]//生成一个service方法来执行JSP中的代码。

Page指令常见的语法格式为：

<%@ page contentType = "text/html;charset = GBK" language = "java" %>

%@page import = "java. util. ArrayList"%

（2）include指令。将指定位置上的资源代码在编译的过程中包含到当前页面中，称为静态包含，在编译时就要包含进来，随同当前的页面代码一同进行编译。其语法格式如下：

< % @ include file= "file. url"%>

（3）taglib指令。JSP页面中使用自定义或者其他人已经定义好的标签文件。其语法格式如下：

<%@ taglib uri="tld.url" prefix= "prefix name"%>

在JSP标签元素中<jsp:directive. page />相当于<%@page%>，它们的作用相同，可以采用任意一种方式进行使用。

3.1.5　动作元素

JSP动作元素包含<jsp:include>、<jsp:forward>、<jsp: useBean>、<jsp: setProperty>、<jsp:getProperty>、<jsp: param>、<jsp:plugin>等。

（1）<jsp:include>：即引入页面，在运行代码时，将指定的外部资源文件导入到当前JSP中，外部资源不能设置头信息和Cookie。如：

```
<jsp: include page= "page URL" flush= "true"/>
<jsp: include page="./public/header. jsp" flush= "true"/>
```

<%@ include>与jsp、include的区别如下所示。

两者都可以用于包含静态内容或者动态内容，差别在于前者是静态包含，也就是在生成Servlet之前就被包含进来了，生成的是单个文件，不会为被包含者生成单独的Servlet（假如被包含的是动态的）；后者是动态包含，也就是说生成Servlet的时候只是添加一个引用，并不真正将内容包含进来，内容是在运行时才被包含进来的，容器会为被包含的文件生成独立的Servlet（假如包含的是动态的）。所以，前者常用于包含固定不变的、多个页面共用的内容片段，后者则用于经常变化的内容片段，无论是否被多个页面共用。

（2）<jsp:forward>：即跳转，将客户的请求重定向到某个资源，该资源文件必须与该JSP文件在同一个Context 环境中。如：

```
<jsp:forward page="uri"/>
```

（3）<jsp:useBean>：在JSP页面中创建一个JavaBean的实例，并可以存放在相应的Context范围之中。如：

```
<jsp:useBean id = "beanName" class="ClassPath" BeanName = "ClassName" scope ="{page|request|session|application}"typeName ="typeName"/>
```

常用的属性是id和class。

（4）<jsp:setProperty>：嵌套在<jsp:useBean>标签体中，用来设置JavaBean的实例中的属性的值。如：

```
<jsp:setProperty name="beanId" property="propertyname" value ="property.
```

value"/>

（5）<jsp:getProperty>：获得用<jsp:useBean >设置的JavaBean对象的某个属性，并将其输出到相应的输出流中。如：

<jsp:getProperty name = "beanId" property = "bean propertyname"/>

（6）<jsp:param>：一般和<jsp:forward>、<jsp:include>以及<jsp:plugin>配合使用，用来向引入的URL资源传递参数。如：

< jsp:param names="param name" value= "paran value"/>

（7）<jsp:plugin>：产生客户端浏览器的特殊标签（<object>或者<embed>）。如：

```
<jsp:plugin type="applet" code ="sample. AppletTest" codebase=".">
< jsp:param name="username" value= "guo" />
< jsp:param name="password" value= "1234"/>
< jsp:fallback>Cann't Load Applet from Certain URL </jsp:fallback>
</jsp:plugin>
```

（8）<jsp:fallback>。只能嵌套在<jsp:plugin>中使用，表示如果找不到资源，则显示其他的信息。

3.2 JSP注释

由于JSP页面由HTML、JSP、Java脚本等组成，所以在其中可以使用多种注释格式，本节将对这些注释的语法进行讲解。

3.2.1 JSP 注释

程序注释通常用于帮助程序开发人员理解代码的用途，使用HTML注释可以为页面代码添加说明性的注释，但是在浏览器中查看网页源代码时将暴露这些注释信息；而如果使用JSP注释就不用担心出现这种情况了，因为JSP注释是被服务器编译执行的，不会发送到客户端。

语法：

```
<%--注释文本--%>
```

例如：

```
<%--显示数据报表的表格--%>
<table>...</table>
```

上述代码的注释信息不会被发送到客户端，那么在浏览器中查看网页源码时也就看不到注释内容。

3.2.2　动态注释

由于HTML注释对JSP嵌入的代码不起作用，因此可以利用它们的组合构成动态的HTML注释文本。

例如：

```
<! -- <%=new Date()%> -- >
```

上述代码将当前日期和时间作为HTML注释文本。

3.2.3　代码注释

JSP页面支持嵌入的Java代码，这些Java代码的语法和注释方法都和Java类的代码相同，因此也就可以使用Java的代码注释格式。

例如：

```
<%
//单行注释
多行注释
%>
<%/**JavaDoc注释，用于成员注释*/%>
```

3.3 JSP元素（脚本、指令、动作）

3.3.1 JSP脚本元素

表达式expressions、声明declarations和脚本段scriptlets是三种JSP脚本元素。表达式在页面请求阶段求值，格式如<%= expressions%>，其结果被转换成字符串，插入到HTML文档中。因此，表达式可以访问页面的请求信息。这包括JSP内置的对象，如request和response等。实质上，在JSP页面转换为对应的Servlet对象中，表达式的值作为输出对象的参数通过print()方法输出。

表达式和脚本段，在JSP页面被转换后成为jspService()方法中的语句。而声明则成为类定义，因此，在声明中可以声明成员变量或方法。声明的语法是<%!declarations%>。

脚本段scriptlet形如<%Java code%>，可以将任意形式的代码插入到jspService()方法中。这种插入是代码的插入，而不是像模板文本或表达式将代码插入输出流。

当脚本段scriptlet需要输出某个文本，且不直接使用输出对象的情况时，需要将代码和文本分离。过度使用scriptlet会导致页面代码变得混乱。如果希望若干个页面中禁用scriptlet，可以在web.xml中，设置jsp-config下jsp-property-group的子元素scripting invalid为true。

如果希望对JSP页面载入和释放时的动作自定义，则可以在声明declarations元素中重载jspInit()和jspDestroy()方法，如<% !public void init jspInit(){自定义动作语句}%>。

3.3.2　JSP动作元素

JSP页面中的动作元素在页面的请求阶段将影响输出流，修改或者创建对象。因此对不同的请求，动作元素将作出不同的响应。动作元素的形式和其他元素不同，它们完全是XML类型标签，而不再有Java的程序代码。一个动作标签被XML标记“<”和“>”包围，由前缀冒号加标签名组成，每个标签都有一个对应的结束标签，形如<prefix:tagName></prefix:tagName>。

动作元素分为三种，标准动作、JSTL动作和自定义动作。之前见到的<jsp:include>...<jsp:useBean>等都是标准动作标签，<c:out>是JSP标准标签库JSTL内的标签，而<testtagout>则是自定义的标签。下面不再严格区分动作元素和JSP标签（JSP Tag）。

3.3.2.1　标准动作标签

标准标签是JSP规范提供的标签，只有几个，不是很多，因此功能也略显基础。标准标签的前缀统一为jsp，非标准标签的前缀不能使用jsp。下面介绍使用在JSP页面中的标准标签。

（1）<jsp:include>动作元素。<jsp:include>将指定页面内容包含在当前页面中，而<jsp:forward>将当前页面转交给指定页面。因为动作元素在请求阶段起作用，因此这两个标签都可以传递参数。

首先，在include指令中，指明被包含页面的属性为file，而include动作元素的对应属性为page。

其次，include 动作元素是作用于JSP页面的请求阶段，而include指令是作用于转换阶段。include 指令完全包含一个页面的内容，它将其他文档的代码加进来，和本页面的代码合并在一起，然后再进行编译。因此，采用include指令方式进行包含时，属于被包含页面的转换参数会被包含到主页面中。

而使用<jsp:include>动作元素时，被包含页面已被编译，包含的页面和本页面运行完成后，再把包含页面的运行结果加到本页面中。因此，这种包含方式得到的不是一个静态JSP页面而是它的输出，所以包含页面的设置根本不会影响到主页面，主页面只是输出流会被改变。同时，不仅主页面设置不会被影响，被包含页面的响应状态、响应首部，如Cookie的设置等都不会影响主页面。

一般而言include指令的被包含文件可以是个JSP片段，而include动作元素包含最好是一个完整的动态页面。所以，include 指令是静态包含或编译时包含，而include动作元素则是动态包含或运行时包含。

在应用过程中，因为动作元素发生在请求期，因此动作元素可向被包含页面添加并传递参数，而include指令不能。比如这种方式<% @ include file="url?param=value" %>是行不通的。另外，include动作元素通过属性flush可以指出是否清空当前缓存。

（2）<jsp:forward>动作元素。如果认为<jsp:include>动作元素包含页面的过程是输出流从A页面转到B页面再回到A页面，那么forward动作元素则是将B页面的输出流完全流入并替代A页面，因此称为页面的转发。<jsp:forward>用于在服务器端结束当前页面的执行，并从当前页面跳转到其他页面，为服务器端的页面跳转。

<jsp:forward>动作元素的执行不会改变页面URL，该动作可以将原页面转发给静态HTML页面、JSP 页面或者一个servlet。该动作一旦发生，原页面的后续动作将被终止。

另外，通过<jsp:forward>动作元素，当前页面A在转发至页面B之前，不能有清空当前缓存等确认响应的动作。页面一旦转发，当前页面的缓存被自动清空。有些网站的每个页面都需要验证用户信息，因此用户请求到来时，页面都需要首先验证用户信息，之后决定对用户显示哪些信息。

除了在JSP页面中直接使用动作元素外，在login.jsp 的脚本段scriptlet中，也使用了JSP内置对象response，通过重定向方法sendRedirect（方法实现页面的跳转）。loginCheck.jsp中采用会话对象session通过设置并读取自己的“userinfo”信息来验证是否存在该用户的会话。

在标准动作元素中，属性值除了是字符串，也可以是JSP脚本表达式<%= %>，如：

<jsp:include page="<%= pageURL%>"></jsp:include>.

（3）<jsp:param>动作元素。主要用来传递参数给JSP程序，其语法格式如下：

<jsp:param name="atributeName" value="vlaue"/>

其中，name 属性表示传递参数的名称，value 表示该参数的值。

<jsp:param>使用在include和forward等动作中，通过将一对键值（key-value）信息作为请求参数的一部分，向另外一个页面传递数据。若参数和请求对象中的参数重复，则当前参数将优先于请求对象中原有的参数，而若有多个参数，则直

接将参数一一列出。

（4）<jsp:plugin>、<jsp:fallback>动作元素。动作元素<jsp:plugin>用于在JSP中附加applct程序，这需要浏览器支持object或embed标签。若浏览器无法插入，则可以使用<spfalback>显示一段替代性文字。实际上，这两个动作元素等价于HTML中的applet标记。若希望在插入一个applet 时向其传递参数，那么可以使用<jsp:param>标签。若希望传入多个参数，则需要将多个<jsp:param>标签包含在<jsp:params>中。

（5）<jsp:useBean>、<jsp:setProperty>和<jsp:getProperty>动作元素。JavaBean是一种可重用组件模型，本质是一个Java类。在Web应用中，采用JavaBean对业务处理逻辑和数据访问进行封装，可以使程序代码的逻辑清晰，可重用性良好。在JSP页面中，可以使用<jsp:useBean>、<jsp:setProperty>和<jsp:getProperty>等动作元素应用JavaBean组件。

<jsp:useBean>动作元素语法格式如下：

<jsp:useBean id="name" scope="request|session|page|application" class="package class" beanName=" casfile" type="class|interface"/>

其中，id指定该对象的变量名；scope属性指出该对象的有效范围，此属性可接受的值为request、session、page、application四个，默认值为page，表示在当前页面可用；class 指定该对象对应的类是哪一个，beanName和class相同，但可以将一个序列化文件指定给该属性；type属性指示出该对象的类型，它可以是class或beanName对应的父类或者接口。需要指出的是，JavaBean的对应类名要指定其完全限定类名，即类名在任何情况下都要包括它的包名。

若在指定作用域内没有id对应的类存在，则<jsp:useBean>动作会创建一个新类。因为JavaBean必然存在一个无参的构造函数，所以上面的例子相当于脚本元素：<% package.class name = new package.class();%>，若作用域内存在这个JavaBean对象，则相当于是对本地变量的赋值操作。因为一个对象只能由一个类实例化而来，因此class和beanName两个属性不可以同时存在。若使用beanName反序列化，则需要指出其type。若没有设置type属性，则对象不是被反序列化或引用其他对象得来，因此必须设置class属性用于创建新对象。定义该动作的属性方式为class、type class、type beanName、type。

<jsp:getProperty>动作从指定的JavaBean中取出属性值。

<jsp:getProperty name="JavaBean的名称" property="属性的名称">

其中，name属性对应于<jsp:useBean>动作中的id；property 属性的值对应

于JavaBean内部成员，若成员为非字符串类型，则会被自动转换成字符串类型输出。

<jsp:setProperty>动作元素将对JavaBcan实例赋值，最常见的形式为：

<jsp:setProperty name="bean" property="p" value="v" />

该动作将属性value值赋给名为“bean”的JavaBean对象的属性。name对应的是<jsp:useBean>动作元素中的id，即对象名，而property指示的是该对象的内部成员。

除了手动赋值外，JavaBean也可以通过请求赋值，这是指将请求对象中的参数值赋给对应的JavaBean成员，比如通过页面提交表单数据。一方面，若在<jsp:setProperty>动作元素中将property置为“*”，则所有在请求中的参数将赋给JavaBean 对象中的同名参数；另一方面，JavaBean成员也可以由请求参数中的不同名参数赋值，如表单中的键值对为：name="non"，value="param-value"，也可以将此non多数值赋给JavaBean中的key成员，这时需要使用param属性：

<jsp:setProperty name="bean" property="key" param="non"/>

3.3.2.2 EL简介

动作元素的属性值可以被EL表达式赋值，表达式语言EL是在JSP 2.0规范中引入的。

它既不是JSP脚本也不是JSP动作元素，因为EL并不是核心JSP语法的一部分，它只是为了更加简单方便地显示JSP元素的一种技术。

EL的语法规则是将一个表达式由符号“${”和“}”包围起来，形如：${expression}。

这从语法上就和JSP元素不一样，这种形式EL表达式可以出现在模板文本和动作元素的属性值中。在JSP2.1规范中加入#{expression}表示法，会延迟表达式的计算时期，因此这种形式的EL不能出现在模板文本中。以下只讨论${...}类型的EL。

在模板文本中，EL表达式会被解释成字符串变量，它们在语义上等价于Java表达式，最终会被插入到当前输出中。若EL出现在动作元素的属性值中，则对属性值的处理依赖于对应的动作元素定义。

表达式可以由字面量，算数符，对象等组成。下面的例子el-samp.jsp中展现了使用EL表达式的情形。需要注意的是，当希望“${”以字符进行输出时需要进行转义，如“\${”。首先，EL中的表达式可以进行数值运算（但不能做字符串连接）。为了避免和JSP元素符号冲突，某些运算可以使用字母代替符号，例如，在进行布尔运算时，可以使用gt代替大于号（>），lt代替小于号（<），ge、le、eq和ne分别代替大于等于（>=）、小于等于（<=）、等号（==）和不等号（!=）。在算除法时，使用div代替“/”，在取模时使用mod代替“%”。

另外，也可以使用and代替“&&”，or代替“|”，not代替“!”。

一个非常特殊的运算符empty，将在表达式中判断一个对象是否为null 或空，如${empty param}。注意，一个变量为空并不代表它为noll。

其次，在EL表达式中可以使用对象来访问数据。EL对象可以通过点运算符“·”或方括号运算符“[”两种方式进行取值，这里分别称为点号记法和数组记法。属性为字符串时，在点号记法中不加引号，而数组记法中属性需要加引号，如${param.num}和${param["num"]}。

若对象为数组，取数组元素只能使用数组记法，且下标不加引号。对象的属性若是完整且合法的标识符，则点号记法和数组记法作用相同，否则只能使用数组记法，如${header["Accept-Encoding"}。

param对象是一个EL隐式对象，它引用了由请求对象传递而来的表单数据。上例中，通过param.num可以查找表单中名为num的属性值。若请求中没有参数传递，param 不为null，但是为空（这么设计的理由是防止调用空指针）。param中若没有某个属性，如param.num，则该属性的值为null。

在URL中输入的el-samp:jsp?num=7以模拟表单输入，并将属性num的值7传入该JSP页面。若该属性值为空，即param.num值为null，则EL只会在屏幕上显示空字符串。

通过EL表达式，可以方便地读取JavaBean的属性值，${el.num}将读取id为el的JavaBean，并取得其num值。

EL表达式和脚本元素中的表达式不同在于，脚本表达式是JSP核心语法，它可以访问JSP中的内置（隐式）对象，而不能访问EL的内置对象。EL不能直接访问JSP的内置对象，但它有自己的内置对象（如param）。所以EL内置对象和JSP内置对象不同，但在EL和JSP中的pageContext对象均指向当前页面的PageContext对象。pageContext引用了当前页面的PageContext对象，该对象拥有request、response、session、out、servletContext属性，分别引用了JSP内置的同名对象。

在JSP规范中，对象的作用域分为页面作用域、请求作用域、会话作用域和应用，上下文作用域。每个作用域都是一个对象，分别对应Servlet中的

PageContext、HttpServletRequest、HttpSession和ServletContext，它们被统称为作用域对象。一般的对象可以作为属性存储在作用域对象中，这样的属性可供在同一个作用域内的JSP元素使用。

param是请求参数的对象，通过它可以获得某个请求参数。paramValues和param类似，区别在于获取的参数可以是个数组，因此获取的某个参数有多个值时需要paramValues。header用于获取请求首部，同理，headerValues用于在获取的首部有多个值的情况。cookie是请求的Cookie对象集合，因此通过其获取的只是Cookie对象，而不是具体的cookie字符串值，最终需要取该对象的value。initParam 则是Servlet的初始化参数。

EL表达式语言可以极大简化表现页面的代码，并方便动作元素的属性赋值。但在JSP 2.0（对应于Servlet 2.3）及之前的版本中无法使用EL，为了兼容性，可以选择禁止EL表达式的求值，被禁止的EL将显示其字面量。

3.3.3 JSP指令元素

JSP指令元素描述了JSP页面转换成Servlet类文件的控制信息，如JSP页面所使用的语言、网页的编码方式和指定错误处理页面等。JSP 指令元素在JSP页面的转译阶段起作用，它影响JSP页面生成Servlet的整体结构，指出Web容器在转换时需要遵守的约定。JSP指令元素独立于JSP页面接受的任何请求，且不产生任何页面输出信息。其语法格式如下：

```
<% @ directive attribute1="value1" attribute2="value2" ...%>
```

directive表示指令元素的类型，在JSP中有三种主要指示类型：page、include和taglib.page指令主要用来设置Java类的导入、超类继承、内容类型、字符编码等问题。include指令表示在转译阶段将另一个文件的源代码包括进来，两者被合成后再进行JSP转换。taglib指令是用来指示出自定义的标签标记，设置自定义的标签库。

3.3.3.1 page指令

page指令用来定义JSP页面中的全局属性，如页面语言和编码方式等。这些属性在JSP页面的转译阶段对当前页面起作用。在一个页面中不必列出所有的属性，未列出的属性由默认值设置。

page指令的位置一般放在JSP页面的开头，放在其他位置也是可行的，在一个JSP页面中可以有多个page 指令。页面中可以包含多个page指令，多个属性也可以放在一条指令中。

（1）import属性。import属性指示JSP转换页面中需要导入的Java类或包（package）。在一个项目里，为了防止命名冲突，将各工具类放入包中是必要的。在JSP页面中也必然需要导入若干其他包的工具类，因此import语句可能将多次出现在页面里。多个包可以同时作为import属性的值，各包之间以逗号分隔，包可以使用通配符*。其中，java.lang.*、javax.servlet.*、javax servlet.http.*以及javax.servetjsp.*将默认被JSP容器导入。

（2）contentType和pageEncoding属性。contentType和pageEncoding这两个属性向浏览器指明该动态页面返回的是一个什么类型的文件。contentType的参数值是一个MIME格式的字符串，通常格式为：contentType= "text/plaintexthm...[charset= characterSet]"，如texthtml（纯文本的HTML页面），charset用来指定所使用的字符集。

pageEncoding指出页面的编码方式，这和contentType中的属性值charset 等价，默认为ISO-8859-1。中文编码问题是Web应用的常见问题，不同编码格式的自动调用会导致非ASCII字符乱码。正确设置页面编码是解决乱码问题的第一步。如pageEncoding="UTF8"将要求浏览器以UTF8的方式显示页面文本。当传递给浏览器的文本的确是UTF8格式时，页面将正确显示。若不设置页面编码选项，则浏览器将按照其默认的编码显示服务器传递来的页面。

在window操作系统中，默认的编码是GBK。在客户端浏览器中，若以GBK的规范来解码UTF8的HTML页面，就会产生乱码。

（3）session属性。session 属性控制页面是否参与HTTP会话，该值默认为true。通常认为HTPP是一个无连接，无状态的协议、无连接表明客户端对服务器的请求是一次完成的，当服务器返回了响应时，本次连接就会断开。无状态指的是服务器不会记录多次请求之间的状态，因此，服务器无法识别多个请求是否来自同一个客户端。事实上，一个HTTP请求是可以通过keep-alive首部进行保持的。但是，即使客户端和服务器之间的连接保持，HTTP协议仍然无法识别由这个连接传递而来的请求是来自同一个客户端，即自始至终是无状态的。

会话则是为了解决这个无状态的问题，可以抽象地认为，若开启了会话功能，则服务器就能识别客户端的请求来源。会话信息由服务器记录。在Web容器中，每当容器需要产生一个新的会话，即对应的客户端信息没有被记录时，容器都会产生一个新的会话对象HttpSession。在JSP的page指令元素中，如果属性session的值为默认的“true”，则脚本中可以使用session内置对象。若会话原本存在，容器中自然就有一个会话对象HttpSession，该Session内置对象会引用该HttpSession对象。若会话原本不存在，一个新的会话对象（HttpSession）就会经由这个JSP页面创建。

如果设置该值为“false”，那么在JSP页面中就不可以使用session对象。即使访问该页面的客户端和服务器原本存在一个会话，也不能使用session对象，因为它没有引用到那个HttpSession对象。如果该客户端和浏览器之间不存在会话，则JSP页面更不会为它创建一个新的会话。该设置只针对当前JSP页面，不影响其他的JSP页面和Servlet。可以看出，禁用session属性会为服务器节省内存。

（4）buffer和autoFlush属性。buffer和autoFlush属性指定服务器对输出对象out的缓冲区大小，默认为8KB。在JSP输出HTML页面的过程中，数据在服务器中先进行缓存，之后再统一发送至浏览器。

buffer设置服务器端的缓存大小，实际的缓存大小不会比该设置小，而当在web、xml等处设置的比该设置大时，级存还会更大。只有缓冲区满，或者程序清空缓存，即out对象的flush方法被调用，服务器端才向客户端发送数据。当buffer设置为none时，将不使用缓存区。每当输出对象接收到数据时都会发送给浏览器，这样的IO效率会很差，而且HTTP状态码和HTTP首部必须在所有HTML页面的数据之前输出。

autoFlush表示在JSP处理过程中，若缓冲区满则是自动清空（true）还是抛出异常（false），默认为自动清空。

（5）errorPage和isErrorPage属性。errorPrage属性用来指定一个JSP页面，所指定的页面处理当前JSP页面抛出但未被捕获的任何异常。isErrorPage属性表示当前页面是否可以作为其他JSP页面的错误处理页面。当一个页面的isErrorPage设置为“true”时，该页面中的隐式对象exception将引用由产生错误的页面传递来的Throwable对象，否则该对象不可用。可以看出，errorPage和isErrorPage这两个属性需要配合使用。

在页面的调试过程中，当产生错误时，默认会在页面上输出错误的堆栈信息，开发人员喜欢这样处理。但在一个Web应用投入使用后，可能仍然潜在若干bug，若出错，则向用户输出错误信息，这样不算太友好。因此errorPage的设置是很必要的。

（6）isThreadSafe属性。isThreadSafe指出该页面的实现是否是线程安全的。若设为“false”，则转换后的servlet将会实现singleThreadModel接口，此时服务器将禁用多线程调用，每个servlet实例只能接收一个请求。因为性能等问题，singleThreadModel接口在Servlet 2.4规范中已被遗弃。

isThreadSafe属性的默认值为“true”，此时一个Servlet对象可以接受多个请求，表明一个HTTP请求是可以通过keep-alive 首部进行保持的。但是，即使客户端和服务器之间的连接保持，HTTP协议仍然无法识别由这个连接传递而来的请求是来自同一个客户端，即自始至终是无状态的。

会话则是为了解决这个无状态的问题，可以抽象地认为，若开启了会话功能，则服务器就能识别客户端的请求来源。会话信息由服务器记录。在Web容器中，每当容器需要产生一个新的会话，即对应的客户端信息没有被记录时，容器都会产生一个新的会话对象HttpSession。在JSP的page指令元素中，如果属性Session的值为默认的“true”，则脚本中可以使用Session内置对象。若会话原本存在，容器中自然就有一个会话对象HttpSession，该Session内置对象会引用该HttpSession对象。若会话原本不存在，一个新的会话对象（HttpSession）就会经由这个JSP页面创建。

如果设置该值为“false”，那么在JSP页面中就不可以使用Session 对象。即使访问该页面的客户端和服务器原本存在一个会话，也不能使用Session对象，因为它没有引用到那个HttpSession对象。如果该客户端和浏览器之间不存在会话，则JSP页面更不会为它创建一个新的会话。该设置只针对当前JSP页面，不影响其他的JSP页面和Servlet。可以看出，禁用Session属性会为服务器节省内存。

3.3.3.2　include 指令

inelude指令用来包含一个静态的文件，在解析当前JSP页面时，这个文件中的代码会被复制到当前页面中。其语法格式如下：

```
<% @ include file= "relativeURL" %>
```

其中，包含的文件可以是JSP文件、HTML文件、文本文件或者一段Java代码。JSP页面在被编译为servlet源码之前，页面中该指令的位置会被file属性所指定的文件替换。一般将插入了该指令的页面称为主页面，相对应，指令指示的页面称为被包含页面。如果包含的是JSP文件，则该JSP文件内容将会和主JSP文件一起编译执行。整个页面在编译时，主页面和若干被包含页面会合并成一个servlet。因此，这种包含方式也称为静态包含或编译时包含。

include指令将在JSP编译时插入一个文件，而这个包含过程是静态的，要求file属性的值不能是一个变量，如下例是不合法的：

```
<% String url="header.html";%>
<%@ include file=" <%=url>"%>
```

也不能在file中出现参数，如：

```
<%@ include file="queryjsp?name=browser" %>
```

3.3.3.3 taglib 指令

在JSP页面的请求阶段，动作元素会针对不同的请求信息做出处理。除了JSP核心中定义的动作元素标签，JSP 页面中也可以使用用户自定义的标签。taglib指令用来指示页面中用到的标签库，格式如下：

```
<%@ taglib uri=""prefix=""%>
```

其中，uri指出标签库的位置，prefix 指出页面中使用该标签库时自定义的前缀。由此，在页面中使用标签库中的标签即可使用方式："前缀：标签名"。

使用标签是简化JSP页面编写，避免代码杂糅的好办法，在各种Java Web框架中，都提供了大量的自定义标签。若希望JSP容器能识别解析这些标签，则需要在taglib指令中指明标签库。

举例来说，JSP的标准标签库JSTL实际并不是JSP核心的一部分，在JSP页面中是不可以直接使用其标签的。要使用JSTL标签，需要首先将标签库文件standard，jar 和jt.jar添加到运行环境中，如手动或通过IDE将其添加到tomcat目录下的lib文件夹，或者项目的WEB-INF/ib文件夹下。之后在使用这些标签的页面中，需要使用taglib指令指示出JSTL标签库。

3.3.3.4 通过web.xml配置JSP页面信息

在一个Web应用中，JSP页面的配置信息可以包括在web.xml文件之中。这些信息通过jsp-config及其子元素设置，它们可以被Web容器利用。jsp-config元素是web-app的子元素，它自已包含了jsp-property-group和tagib两个子元素。

元素jsp-property.group是若干页面的属性集合。元素taglib则描述了自定义标签库的映射情况。在某种意义上，这两个参数分别对应page和taglib指令。

需要说明的是，一个自定义的动作元素标签，其具体实现是由一个Java类完成的，通常称为标签处理类。要描述这个标签处理类需要通过另外一个后缀为.tld的文件，它称为标签库描述符TLD（Tag Library Descriptor）。某个标签存在于一个标签库中，TLD将定义整个标签库。标签库描述符的实质是一个XML文件（JSP 2.0以上以XML Schema表示），它用来描述标签库中若干标签的信息，这些信息是若干个由标签处理类到标签的映射。若需要在JSP页面中使用这些自定义标签，则最后需要在web.xml文件中，在taglib元素下将TLD和URI对应起来。

taglib指令中属性uri可以使用的值，应被web.xml中taglib元素下的taglib-uri子元素指出。而taglib元素下的taglib-location子元素则指出对应的TLD位置。例如，testTag是一个自定义的TLD，对应的标签库中包含一个标签testTag，用于输出其属性值value。

page指令的属性用于对所属页面的转换情况做设置，若希望对若干页面统一做设置，则对每一个页面都写page指令会显得比较繁琐。通过web.xml配置文档中的jsp-property-group元素，可以统一对多个页面设置转换参数，如通常会使用该元素禁用scriptlet，或者因为兼容性问题禁用EL。接下来，在该元素下会定义一个URL模式以匹配JSP文件进行设置，如匹配所有jsp可用“*jsp”，匹配文件夹dir下的所有文件可用“dir/*”。但部分不是全部属性，在符合模式的JSP页面中会被设置。

3.4　JSP内置对象

3.4.1　request 请求对象

request与response对象是构建JSP网页交互功能的最重要的两个内置对象，与HTML窗体标签有着密切的关系。request 对象将用户请求进行了封装，所有的请求参数都被封装在对象内，因此可以通过该对象获取请求的相关信息。request对象能够接收浏览器向服务器所发送的请求信息，如让服务器取得用户在网页表单中所输入的数据内容。request对象主要用于接收客户端通过HTTP协议传输到服务器端的数据。在客户端请求中，如果有参数，则request对象就有一个参数列表，其作用域就是一次request请求。

该内置对象封装的是HTTP请求，因此，根据HTTP请求的结构将此对象中的请求信息分为HTTP请求参数、上传的文件、请求属性、请求首部、请求路径元素和Cookie等。

当客户端使用GET方法请求时，HTTP请求参数是可以附在URL中的参数信息。当使用POST方法请求时，请求参数将附在请求体中。这些参数都是键值对，是在URL中“?”之后以“&”连接的一串值，例如，?key1=value1&key2=value2，它们来源于客户端表单等元素的提交或转发时的设置。

（1）getParameter(String)与getParameterValues(String)方法。getParameter(String)方法可以根据参数名获取参数值。HTTP参数的值均是字符串，因此该方法的返回值也是一个字符串类型。

如果某参数有多个值，希望获取其所有值，可以使用getParameterValues（String）方法，该方法返回一个字符串数组。

（2）getParameterNames()方法。getParameterNames()方法将返回一个实现了Enumeration<String>的实例，这个对象中包含所有请求参数的名字。

需要注意的是，一个请求参数为空和为null是不同的两个概念。当提交表单数据时，一个表单若有某个构件，但是用户没有被填写数据，对应的参数值为空。而表单不存在某个构件时，就表示该参数根本不存在，因此为null。

（3)request作用域和属性对象。请求属性是对象，该对象和请求对象相关联，所有请求属性的作用域都是request域。请求对象通过转发将在不同的JSP页面和Servlet中传递，这些在请求对象中的属性对象对这些页面和Servlet（包括它自身）可见，从而实现数据的共享。这些能共享数据的页面和Servlet构成了request作用域，简称request域。

要构成requuest域，则请求对象需要传递，在JSP页面中传递请求对象的方式只有包含<jsp:include>和转发<jsp:forward>动作元素。而通过表单或超链接做页面的跳转，以及使用请求对象response的重定向方法均无法传递request对象。

request使用setAttribute(String，Object)方法在request对象中存储一个对象，可以在另外一个页面中使用gettribute(String)方法取出这个对象，这里返回的是一个Object类型。

removeAttribute()方法将从request中删去属性。

（4）HTTP请求首部获取方法。在请求信息中，HTTP请求首部是不可或缺的，请求首部中包含了大量的信息，包括客户端的信息和使用协议的信息等。

request对象中包含了读取这些请求首部的一般性方法getHeader(Sting)，它将返回请求该方法参数对应的首部字符串。为了方便使用，request也提供了请求首部做解析的getIntHeader()和getDateHeader()方法，用以将字符串类型的请求首部值转化为整型或者Date类型。和返回请求参数类似，request提供了得到所有首部名称的getHeaderNames()方法。

除了一般化的getHeader()方法，对于特定的请求，request 对象可以使用特定的方法，不过它们都是在获取请求首部信息。比如getMethod()用来获取请求的方法等。

（5）HTTP请求路径的获取方法。请求路径存在于HTTP请求协议文本的第一行，表示这个HTTP请求将发给哪一个服务器的哪一个应用。在request对象中，针对请求路径的不同组成部分有不同的方法。

getRequestURL(方法将返回完整的请求路径，这包括了协议、服务器的主机名、应用名、页面名等。getRequestURI()和返回URL不同的地方在于，它只从应用名开始。

getContextPath()返回的是应用的相对路径，而getServletPath()返回当前页面的相对路径。

cookie是广泛使用的用来实现会话管理的机制。cookie是请求首部的一部分，它将随着请求发送给服务器。Cookie对象将请求中的若干cookie做封装，且提供操作接口。

getCookies()方法将获取随着当前请求发送给服务器的Cookie对象数组。

3.4.2 response响应对象

response对象用于对客户端的请求作出响应，及向客户端发送结果数据。response对象实现了HttpServletResponse接口，对客户端的请求作出响应，向客户端发送数据，如：Cookie，HTTP文件头信息等。该对象内部有输出流对象，通过getOutputStream（方法可以获得一个字节输出流，getWriter()则可以获得一个字符输出流。

和请求对象request 类似，response对象建立在HTTP协议的响应文本之上，对response的操作多数会直接反应到响应信息之上。

（1）添加响应首部方法。向响应中添加请求首部键值对的一般性方法是addHeader(String, String)，在添加或设置报首前，可以使用containsHeader(String)以查看某个报首是否存在于响应中。设置响应报首的一般性方法是setHeader(String key，String value)。而对于常用的响应报首如contenttype，response对象提供了对应的方法setContentType(String)。

（2）重定向方法sendRedirect(String)。从前面login-samp的例子开始，就已经接触到了response对象，其中一个非常常用的方法就是实现页面的重定向。页面的重定向会实现页面的跳转，但和<jsp:include>与<jsp:forward>动作元素不同的是，重定向将改变被访问页面的地址，并且重定向功能不会保留在request域中的属性。

重定向是一种客户端的跳转，而非服务器端的页面跳转，重定向可以由response对象的sendRedirect(String)方法实现。实际上这个过程分为两个步骤：首先，服务器将发送给浏览器一个响应，表示浏览器应该向另外一个页面做请求；其次，浏览器会重新发送一个新的请求给对应的页面。这个过程表示页面的跳转经过了客户端，是由浏览器重新发送请求，而不是在服务器端由服务器完成的。

重定向将在执行到sendRedirect(方法时实现页面的跳转，但和页面转发不同的是，在重定向语句之后的语句并不会中断执行，而是会继续执行下去。

（3）addCookie(Cookie)方法。response对象可以设置响应报首信息，对应于请求报首中的Cookie，在响应报首中SetCookie表示服务器将向客户端设置一个Cookie.在用户没有手动禁用Cookie时，通过response.setHeader("Set-Cookie", "key=value")，可以在浏览器中设置Cookie。

为了方便使用，response 对象有一个addCookie(Cookie)方法可以替代上面那个一般化的设置，该方法的参数即是javax.servet.http.Cookie对象。

3.4.3　Session 会话对象

session对象（会话对象）是类javax.servlet.Httpsession的一个对象，该对象用于保存每个与服务器建立连接的客户端信息。以从客户打开浏览器并连接到服务器为开始，到客户关闭浏览器离开服务器为结束，整个阶段称为一个会话。容器会自动维护一个会话状态，HttpSession对象用于保存用户的会话信息和会话状态，在JSP页面中内置的session对象将引用这个会话对象。

一个Web服务器可能会有多个用户访问，服务器如何辨认哪一个session属于某个用户?当服务器为某一个用户建立session对象后，会给该session对象分配一个Id（字符串），该Id会传送到客户端。这样，session对象和客户之间就建立了一对应的关系。当用户再次向服务器提出请求时，Id字符串会一并传送到服务器，服务器端将采用Id与各session进行比对，以查找用户拥有的session。

（1）session作用域。session对象可以设置并读取属性，在session中的属性对象拥有的是session作用域。一个会话连接的是服务器和一个特定的客户端，因此即使多个请求到来时，服务器都会提供会话跟踪的方式来识别客户端信息。只要是同一个客户端发出的请求，那么接收这些请求的页面或者Servlet就存在于同一个作用域中，这个作用域就是session域。将数据存储在session对象中，可实现session域内的数据共享。

HTTP是一个无状态的协议，因此对于同一个客户端发出的不同请求，服务器也无法识别。如在一个request 作用域中存储的数据，若经过页面的跳转或者重定向，则会重新发送一个请求。这时，即使这若干个请求都是来自同一浏览器，服务器也不能识别，因此不同的request域是相互隔离的。可以看出，session域的作用范围大于request域。

（2）session 对象的有效期限。session对象在其建立后的存在期间，当以下4种情况发生时，则session对象及其数据将会被取消和清空。

①用户关闭当前正在使用的浏览器（一次会话连接结束）。

②服务器关闭。

③用户未向服务器提出请求，且超过预设的时间，可以通过setMaxInactiveInterval()方法设置session对象的最大有效时间，使其在某个时间之后自动失效；

④运行程序结束session，可以通过invalidate()方法强制使当前的会话失效。

（3）访问session对象中的数据。

①建立session变量。其语法格式为session.setAttribute(“变量名称”，变量内容)，其中，变量内容可以是字符串或其他类型。例如：

```
<%
session.setAttribute("ID", "123456");
session.settribute("Date", new java.util.Date());%>
```

在session中建立的变量数据，用户在当前浏览器中打开的各个网页都能访问这些变量数据。

②读取session中的变量。

在session中设置了变量数据后可以读取其中的内容：session.getAttribute("变量名称")，返回值为Object(对象)类型，可以根据需要转换其他数据类型。

③获取所有session中的变量名称：session.getAttributeNames()，返回类型为枚举类型。

④清除session中的变量：session.removeAttribute("变量名称")。

⑤结束session:session.invalidate()。

3.4.4 application 应用服务对象

从服务器角度看，application对象可以视为一个所有连接服务器的用户共享的数据存取区。对于每一个连接服务器的用户而言，application对象用于存储其共享的数据，且存取的数据内容均相同。因此，可以将其视为传统应用程序中的全局共享数据，具有以下特点：①服务器启动后，会自动创建application对象，当用户访问服务器的页面时，这个application对象都是同一个对象，并且不能被用户清除；②application对象保存了一个应用系统中公有的数据，为所有用户共享，直至服务器关闭。实质上，application 内置对象是整个Servlet上下文，即Web应用的对应对象。在一个Web应用中可以存在多个Servlet，所以application对象可以对其应用内的若干个servlet进行管理，从而实现用户间的数据共享。

3.4.4.1　getRealPath()方法

在前面的处理异常页面error-page.jsp的例子中，使用了一个getRealPath(String)方法，该方法将给出文件相对路径在服务器文件系统中的绝对路径。在使用JSP页面进行转发和重定向的过程中，使用的路径参数都是相对路径。但是若要使用操作系统的文件系统，则需要给出绝对路径，如在硬盘上读取或存储一个文件等。

application是整个Web应用的上下文对象。因此当调用application.getRealPath(" ")时，取得的是Web应用的根目录。

为了存储日志文件，同样的例子选择了在JSP中手动创建日志文件。而在application对象中，方法log(String msg)将把日志信息msg写入默认的日志文件。

3.4.4.2　application 作用域

application作用域是整个Web应用的作用域，所有在当前应用中的JSP页面和Servlet都将共享这个作用域，因此在application对象中可存放全局变量。

在一个Web应用中存在多个JSP页面，它们对应了多个Servlet。这些页面之间可以通过包含、转发、重定向等功能实现页面的跳转，但各JSP页面之间的数据不一定能直接传递。以全局视角来看，request域以单次请求为界划分数据的存储范围；session域中，消除了单次请求的约束，但也要求请求来自于同一个客户端。因此，若希望不同客户端的用户能共享数据，则request域和session域两种情况均无法满足，而application作用域可以满足需要。不失一般性，在application对象中也可以将对象存储为它的属性，这种属性的作用域即是application作用域，存储读取和删除属性的方法与之前在request、session对象中介绍的一样，包括之后的pageContext对象。可以看出，这四个内置对象提供了存储属性的统一接口。

为了使得提交的请求能被正确处理，而不至于出现乱码，在application对象中存储属性值，等价于使用JavaBean存储数据成员，但需要将其作用域设置为application域。

3.4.5 out对象

out对象是javax.servlet.jsp.jspWriter类的对象，它最主要的功能是将特定的数据内容动态输出至客户端的浏览器显示。

和普通的Java输出流对象相比，内置对象out的功能要强大不少，因为该对象不仅可以进行输出，也维护了一部分和JSP页面输出的相关的信息。

out对象提供了缓冲区管理，缓冲区是JSP页面将数据输出至客户端浏览器之前，用来暂时存储数据的区域。该缓冲区提供了一种数据输出的缓冲机制，可以提高数据输出的效率。每个JSP页面默认会在内存中维护一段缓冲区，通常只有在缓冲区满时，页面内容才通过网络发送给客户端，程序中可以通过flush（强制输出缓冲区内容。

实例1 实时统计在线人数

本实例主要实现显示正在访问网站人数的功能，它可以使管理员知道网站当前被访问的情况，以此来了解网站的受关注程度。运行本实例，页面中将显示正在访问网站的所有用户，并统计出在线人数。

本实例应用的方法介绍如下。

（1）Vector对象的elements()方法。语法格式如下：

Enumeration em=VectorObject.elements()

功能：返回Vector对象中的所有值，其结果是一个Enumeration 枚举对象。

参数说明：

em：表示一个Enumeration枚举对象。

VectorObject：表示实例化的Vector对象。

（2）EnumerationObject 对象的nextElement()方法。语法格式如下：

EnumerationObject.nextElement()

功能：遍历枚举对象中的值。使用该方法获得的值应强制转换为该值原来的类型。

（3）Enumeration枚举对象的hasMoreElements()方法。语法格式如下：

EnumerationObject hasMorcElements()

功能：判断枚举对象中是否还存在值，该方法返回一个boolean类型值。

其中，参数EnumerationObject为实例化的枚举对象。

①创建用于监听HTTP会话的OnLine类文件和用于验证登录信息的LogOnNum类文件。

②创建一个首页面indexjisp供用户输入登录信息。

③创建接收Form表单的页面dologon.jsp。

④创建online.jsp页面，该页面用于显示所有在线用户的信息，关键代码如下：

```
<%@ page import="java.util.*"%>
<%
session.setMaxInactiveInterval(10);
Vector vec=Vectorapplicig.gtribrtel("online");
%>
<table>
<tr>
<td align="left" valign="middle">
<table>
<%
if(vec= nullyec.size()= =0)
out.println("<t> <td align='center'>没有用户！</td></tr>");
else{ //显示所有在线用户
Enumeration em=vec.elements();
while(em.hasMoreElements()){
String usename=(String)em.nextElement();
if(username. equalslsession.gettribute("usermame")))
outprintln("<tr><td align=left><li><font colo=red>"+usemame+
"</font></hd></tr> ");
else;
outprintln("<r><td align=left><li>"+username+"</td></tr>");
```

```
}//while
%>
</table>
</td>
</tr>
<br bgcolor="lightgrey">
<td align="center" height="25" colspan="2">
<%
if(session.getAttribut("usermame")==null){
out.println("您已经下线!");
else{
if(vec.contains(session. getAttribut("usernam")){
out.println("a href='online.jsp'>[发言]</a>");
out.println("在线人数"vec.size()+"人! ");
else
out.println("请先登录!");
%>
</table>
<%
if(!vec contains(session.getAttribute("username")))
out.println("<a href=index.jsp>[登录]</a>");
%>
```

实例2　自定义生成系统菜单的标签

本实例使用自定义标签来生成产品分类导航目录。如果要在页面中使用自定义标签，首先要在web.xml文件中对标签库进行引用声明，然后还要在页面中引用标签，关键代码如下：

%@taglib prefix= "mytag" uri http:/www.tag. com/mytag"%

（1）编写MenuTag.java类文件，并让该类继承TagSupport 类，然后重写父类中的doStartTag()方法，并在此方法中调用自定义显示菜单的方法，关键代码如下：

```
public class MenuTag extends TagSupport{
public int doStartTag()throws JspException{
HttpServletRequest request=(HttpServletRequest)pageContex.getRequest(); //创建request对象
HttpSession session = request.getSession();//创建session对象
List list=(List)scsongettribtet("menuList");//获取会话对象中保存的List列表
loadMenu(list);//调用生成菜单的方法
return super.doStartTag();
```

（2）在MenuTag类中编写loadMenu()方法，该方法将List列表中保存的菜单内容显示在页面中，并将用户选中的项目展开，关键代码如下：

```
private void loadMenu(List menuList){
JspWriter out = pageContext.getOut();//获取向页面输出的out对象
HttpServletRequest request=(HttpServleRequest) pageContext.getRequest();//创建request对象
HttpSession session = requestgetSession();
//创建session对象
try {
    if(menuListisEmpty()){
      outrwite("<table> <tr> <td>没有可以显示的菜单</d></t></table>");
    }else
      for(int i=0; i< menuList.size(); i++) {//循环List列表
      List sList =(List)menuList.get(i);
      out.write("<a href="index.jsp?id="+i+">+ sListget(0)+"</a><br>");
      if(pageContext.getRequst().getParameter("id")!=null){//判断是否被选中
 if(Integer.parseInt(pageContext.getRequst().getParameter("id")==i){
   for(int j=1; j< sLitsize(); j++){//显示子项目
     outwrite("  "+sList.get(j)+ "<br>");
```

```
            }
          }
        }
      }
    }
    } catch (Exceptione){
    e.printStackTrace();
    }
    }
```

（3）编写mytag.tld标签描述文件，关键代码如下：

```
<? xml version="1.0" encoding="UTF-8"?>
<taglib xmlns="http://java.sun.com/xm/ns/j2ee"
xmlns:xsi="http://www.w3.org/2001/XMLSchema-instance"
xsi:schemaLocation="http://java.sun.com/xml/ns/j2ee web-jsptaglibrary_2_0.
xsd"version="2.0">
<tlib-version>1.0</tlib-version>
<short-name>mytag</short-name>
<uri>http://www.tag.com/mytag</uri>
<tag>
<description>生成菜单</description>
<name>nemuTag</name>
<tag-class>com.jwy.tag MenuTag</tag-lass>
<body-content>empty</body-content>
</tag>
</taglib>
```

（4）在web.xml配置文件中对标签库进行引用声明，关键代码如下：

```
<jsp-config>
<taglib>
<taglib-uri>http://www.tag.com/mytag</taglib-uri>
<taglib-location>/WEB-INF/mytag.tld</taglib-location>
</taglib>
</jsp-config>
```

（5）编写index.jsp 页面文件，首先引入自定义标签库，然后在该文件中初始化一个List 列表对象并保存到session对象中，最后调用该标签，关键代码如下：

```
<%@page contentType="txt/html" pageEncoding="GBK"%>
<%@page import="java.util. *"%>
<%@taglib prefix= "mytag" uri="http://www.tag.com/mytag"%>
<html>
<body>
<%
if(session.gettribute("menuLst")=null){
List<List<String>> menuList = new ArrayList<List<String> >0;
List<String> sList1 = new ArrayList<String>0;
sListl.add("硬件");
sListl.add("显示器");
sListl.add("主机");
sList1.add("显卡");
sList.add("CPU");
sList1.add("内存");
sList1.add("硬盘");
menuList.add(sList1);
List<String> sList2 = new ArrayList<String>0;
sList2. add("外设");
sList2.add("键盘");
sList2.add("鼠标");
siList2.add("音箱");
sList2. add("耳机");
sList2.add("摄像头");
menuList.add(sList2);
...略部分代码
session.settibute("menuList",menuList);
}
%>
```

```
产品导航目录
<br><mytag:menuTag/>
</body>
</html>
```

第4章

Servlet技术

Servlet是Java Web应用中最核心的组件，也是Web服务器组件，它是一个中间控制层，负责处理客户端提交过来的请求数据以及调用业务逻辑对象，根据业务逻辑来控制页面转发。为了更好地理解Servlet，本节将介绍一些Servlet基础方面的实例。

4.1 Servlet概述

1995年，Java技术正式推出。1996年，Sun公司紧接着又推出Servlet技术，Servlet是用Java来编写服务器端程序的技术。2008年，Servlet的版本已经发展到了2.5版，Servlet已经不再是Java单一的Web编程解决方案，它是Java的Web编程解决方案中的一种技术，Java的Web编程技术还包括JSP、JavaBean、标记库、JSTL等相关知识。

Java技术经过10多年的发展，逐渐根据所开发任务的不同，细分成了三个子平台：Java SE、Java EE、Java ME。3个子平台不是完全独立的，它们之间存在相互关联。Java SE平台主要作为其他两个平台的基础，我们也可以利用Java SE平台开发Java图形用户界面的应用程序。Java ME主要是用来开发运行在手机上的Java程序。而Java EE主要用来开发大型的企业级系统。企业级系统指的是对开发出的程序在安全、性能和可靠性等方面要求极其苛刻的软件系统，例如航空售票系统、手机的收费系统和银行存贷款系统等。

4.1.1 Servlet的概念

Servlet是一种可以与用户进行交互的技术，它能够处理用户提交的HTTP请求并做出响应，这与前几章学习的静态HTML页面相比，真正实现了客户端和服务器的互动。Servlet程序可以完成Java Web 应用程序中处理请求并发送响应的过程。通过Servlet技术，可以收集来自网页表单的用户输入，呈现来自数据库或者其他源的记录，还可以动态创建网页。Servlet是基于Java的、与平台无关的服务器端组件。

Servlet能够编写很多基于服务器端的应用，例如：

· 动态处理用户提交上来的HTML表单。

· 提供动态的内容给浏览器进行显示，例如动态从数据库获取的查询数据。

· 在HTTP客户请求间维护用户的状态信息，例如，利用Servlet技术实现虚拟购物车功能，利用虚拟的购物车保持用户在不同购物页面购买的商品信息。

在Java编程中有类似的命名规则和名称，如下所示。

Applet=Application+let

Servlet=Server+let

MIDlet=MIDP+let

实际上这三个单词是利用英文的构词法创造的新单词，let在英文的构词中一般充当词尾，表示“小部件”的意思。所以Servlet从字面上看，表达的是服务器端的小应用程序的意思。实际上Servlet这个词字面的意思恰如其分地说明了它的作用。

4.1.2 Servlet 的工作原理

（1）Servlet处理的流程。

①客户端使用浏览器提交对Servlet调用的Get或者Post请求。

②服务器接到请求后如果对Servlet是第一次调用，实例化这个Servlet。

③服务器调用该Servlet对象的service()方法。

④Servlet产生动态的回复内容。

⑤服务器发送回复内容给客户端的浏览器。

（2）手工编写Servlet的具体步骤。

①编写Servlet源程序。

②建立Web应用目录结构。

③编写web.xml文件。

④运行Servlet。

（3）Eclipse编写Servlet的具体步骤。

①新建Web Project。

②建立Servlet文件。

③部署Web应用程序。

④运行输出。

4.1.3 Servlet的特点

Java Servlet通常情况下与使用CGI(Common Gateway Interface，公共网关接口)实现的程序可以达到异曲同工的效果。

相比于CGI，Servlet有以下几点优势。

· 可移植性：Servlet具有可移植性，它可以一次编写后多处运行。由于Servlet是由Java开发的、符合规范定义的，因此在各种服务器和操作系统上有很强的可移植性。

· 功能强大：Servlet功能强大，Java能实现的功能，Servlet基本上都能实现(除Awt and Swing图形界面外)。

·高效持久：Servlet被载入先识别结果象实例驻留在服务器内存中，服务器只需要简单的方法就可以激活Servlet来处理请求，不需要调用和解释过程，响应速度非常快。

·安全：服务器上的Java安全管理器执行了一系列限制，以保护服务器计算机上的资源。因此，Servlet 是安全可信的。

·简洁：Servlet API本身带有许多处理复杂Servlet开发的方法和类，如为Cookie处理和Session会话跟踪设计了方便的类。

·集成性好：Servlet有Servlet容器管理，Servlet容器位于Servlet服务器中，Servlet和服务器紧密集成，使Servlet和服务器密切合作。

4.1.4 Servlet的技术功能

Servlet是位于Web服务器内部的服务器端的Java应用程序，它对Java Web的应用进行了扩展，可以对HTTP请求进行处理及响应，功能十分强大。

（1）Servlet与普通Java应用程序不同，它可以处理HTTP请求以获取HTTP头信息，通过HttpServletRequest接口与HttpServletResponse接口对请求进行处理及回应。

（2）Servlet可以在处理业务逻辑之后，将动态的内容通过返回并输出到HTML页面中，与用户请求进行交互。

（3）Servlet提供了强大的过滤器功能，可针对请求类型进行过滤设置，为Web开发提供灵活性与扩展性。

（4）Servlet可与其他服务器资源进行通信。

4.1.5 Servlet的生命周期

Servlet作为一种在容器中运行的组件，有一个从创建到销毁的过程，这个过程被称为Servlet生命周期。Servlet生命周期包括以下几个阶段：加载和实例化Servlet类，调用init()方法初始化Servlet实例，一旦初始化完成，容器从客户收到请求时就将调用它的service()方法。最后容器在Servlet 实例上调用destroy()方法使它进入销毁状态。图4-1给出了Servlet生命周期的各阶段以及状态的转换。

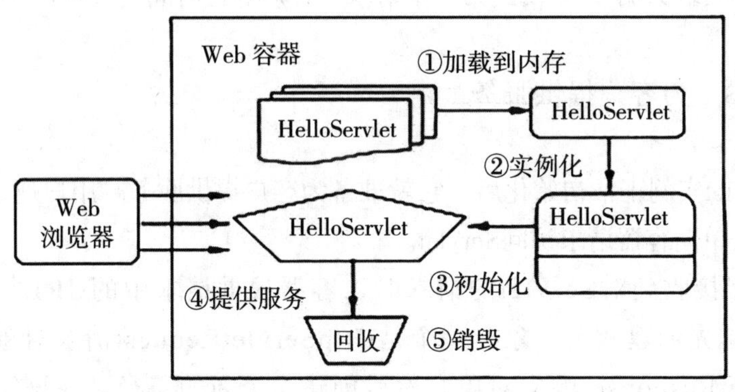

图4-1　Servlet 生命周期阶段

4.1.5.1　加载和实例化Servlet

对每个Servlet，Web容器使用Class.forName()对其加载并实例化。因此，要求Servlet类有一个不带参数的构造方法。在Servlet类中若没有定义任何构造方法，则Java编译器将添加默认构造方法。

容器创建了Servlet实例后就进入生命周期阶段，Servlet生命周期方法包括init()、service()和destroy()。

4.1.5.2　初始化Servlet

容器创建Servlet实例后，将调用init(ServletConfig)初始化Servlet。该方法的参数ServletConfig对象包含了在Web应用程序中的初始化参数。调用init(ServletConfig)后，容器将调用无参数的init()，之后Servlet就完成初始化。在Servlet生命周期中init()仅被调用一次。

一个Servlet，可以在Web容器启动时或第一次被访问时加载到容器中并初始化，这称为预初始化。可以使用@WebServlet注解的loadOnStartup属性或web.xml文件的<load-on-startup>元素指定当容器启动时加载并初始化Servlet。

有时，不在容器启动时对Servlet初始化，而是当容器接收到对该Servlet第一次请求时才对它初始化，这称为延迟加载(lazy loading)。这种初始化的优点是可以加快容器的启动速度。但缺点是，如果在Servlet初始化时要完成很多任务(如从数据库中读取数据)，则发送第一个请求的客户等待时间会很长。

4.1.5.3 为客户提供服务

在Servlet实例正常初始化后，它就准备为客户提供服务。用户通过单击超链接或提交表单向容器请求访问Servlet。

当容器接收到对Servlet的请求时，容器根据请求中的URL找到正确的Servlet，首先创建两个对象，一个是HttpServletRequest请求对象，一个是HttpServletResponse 响应对象。然后创建一个新的路径，在该路径中调用service()，同时将请求对象和响应对象作为参数传递给该方法。显然，有多少个请求，容器将创建多少个路径。接下来service()将检查HTTP请求的类型(GET，POST等)来决定调用Servlet的doGet()或doPost()方法。

Servlet使用响应对象(response)获得输出流对象，调用有关方法将响应发送给客户浏览器。之后，路径将被销毁或者返回到容器管理的路径池。请求和响应对象已经离开其作用域，也将被销毁。最后客户得到响应。

4.1.5.4 销毁和卸载Servlet

当容器决定不再需要Servlet 实例时，它将在Servlet 实例上调用destroy()方法，Servlet 在该方法中释放资源。如它在init()中获得的数据库连接。一旦该方法被调用，Servlet实例不能再提供服务。Servlet 实例从该状态仅能进入卸载状态。在调用destroy()之前，容器会等待其他执行Servlet的service( )的路径结束。

一旦Servlet实例被销毁，它将作为垃圾被回收。如果Web容器关闭，Servlet也将被销毁和卸载。

4.2　Servlet的创建和配置

在Java的Web开发中，Servlet 具有重要的地位，程序中的业务逻辑可以由Servlet进行处理；它也可以通过HttpServletResponse对象对请求做出响应，功能十分强大。本节将对Servlet的创建及配置进行详细讲解。

4.2.1　Servlet的创建

Servlet的创建十分简单，主要有两种创建方法。第一种方法为创建一个普通的Java类，使这个类继承HttpServlet类，再通过手动配置web. xml文件注册Servlet对象。此方法操作比较烦琐。在快速开发中通常不被采纳，而是使用第二种方法直接通过IDE集成开发工具进行创建。

使用IDE集成开发工具创建Servlet比较简单，适合于初学者。本节以Eclipse开发工具为例，创建方法如下。

（1）创建一个动态Web项目，然后在包资源管理器中，新建项目名称节点上，单击鼠标右键，在弹出的快捷菜单中，选择“新建/Servlet”菜单项，将打开Create Servlet对话框，在该对话框的Java package文本框中输入包com. mingrisoft，在Class Name文本框中输入类名FirstServlet，其他的采用默认。

（2）单击“下一步”按钮，进入到指定配置Servlet部署描述信息页面。在该页面中采用默认设置。

（3）单击“下一步”按钮，将进入到用于选择修饰符、实现接口和要生成的方法的对话框。在该对话框中，修饰符和接口保持默认，在“继承的抽象方法”复选框中选中doGet和doPost复选框，单击“完成”按钮，完成Servlet的创建。

4.2.2 Servlet 配置

近来Java Web开发中，一种变量信息多倾向于写在某个配置文件中。需要变化时只修改配置文件即可，而不用修改源代码，也不会重新编译，维护起来相当方便。web.xml提供了设置初始化参数的功能，可以将一些信息配置在web.xml中。要运行Servlet，就需要在Tomcat配置文件web.xml中进行配置，修改此文件定义要运行的Servlet。下面将详细介绍在web.xml文件中Servlet的配置。

（1）环境设置。

Servlet包并不在JDK中，如果需要编译和运行Servlet，必须把servlet jar包放在class path下或复制到jdk的安装目录的lib\jre\ext\下。

（2）Servlet的名称、类和其他选项的配置。

在web.xml文件中配置Servlet时，首先必须指定Servlet的名称、Servlet类的路径，还有，选择性地给Servlet添加描述信息，并且指定在发布时显示的名称和图标，例如Test Servlet配置代码如下：

```
<servlet>
<description>Simple Servlet</description>
<display-name>Servlet</display-name>
<servlet-name>TestServlet</servlet-name>
< servlet-class>com.TestServlet</servlet-class
</servlet>
```

代码说明：<description>和</description>元素之间的内容是Servlet的描述信息；<display-name>和</display-name>元素之间的内容是发布时Servlet的名称；<servlet-name>和</servlet-name>元素之间的内容是Servlet的名称；<servlet-class>和</servlet-class>元素之间的内容是Servlet的路径。

如果要配置的Servlet是一个JSP页面文件，那么可以通过下面的代码进行指定：

```
<servlet>
<description>SimpleServlet</description>
<display-name>Servlet</display-name>
<servlet-name>Login</servlet-name>
<jsp-file>login.jsp</jsp-file>
```

```
</servlet>
```

（3）初始化参数。Servlet可以配置一些初始化参数，例如下面的代码：

```
<servlet>
<init-param>
<param-name>number</param-name>
<param-value>1000</param-value>
</init-param>
</servlet>
```

代码说明：指定number的参数值为1000。在Servlet中可以通过在init()方法体中调用getInitParameter()方法进行访问。

（4）启动装入优先权。启动装入优先权通过<load-on-startup>和</load-on-startup>之间的元素内容进行指定，例如下面的代码：

```
<servlet>
<description>Test1</description>
<display-name>ServletTest1</display-name>
<servlet-name>TestServlet1</servlet-name>
<servlet-class>com.TestServlet1</servlet-class>
<load-on-startup>10</load-on-startup><!--设置TestServlet1载入时间-->
</servlet>
<servlet>
<descripion>Test2</description>
<display-name>ServletTest2</display-name>
<servlet-name>TestServlet2</servlet-name>
<servlet-class>com.TestServlet2</servlet-class>
<load-on-startup>20</load-on-startup>
</servlet>
```

代码说明：TestServlet1类先被载入，TestServlet2类随后被载入。

（5）Servlet的映射。在web.xml配置文件中可以给一个Servlet做多个映射，因此，可以通过不同的方法访问这个Servlet，例如下面的代码：

```
<servlet-mapping>
<servlet-name>OneServlet</servlet-name>
<url-pattern>/One</url-pattern>
```

```
</servlet-mapping>
```

代码说明：可以通过http://127.0.0.1:8080/01/One地址访问有效。

```
<servlet-mapping>
<servlet-name>TwoServlet</servlet-name>
<url-pattern>/Two/*</url-pattern>
</servlet-mapping>
```

代码说明：可以通过http://127.0.0.1:8080/01/Two/test地址访问有效，其中的“*”可以任意填写。

```
<servlet-mapping>
<servlet-name>ThreeServlet</servlet-name>
<url-pattern>/Three/login.jsp</url-pattern>
</servlet-mapping>
```

代码说明：可以通过http:/127.0.0.1:8080/01/Three/login.jsp地址访问有效。

4.3 过滤器与监听器

4.3.1 Servlet过滤器

Servlet过滤器从表面的字意理解为经过一层层的过滤处理才达到使用的要求，而其实Servlet过滤器就是服务器与客户端请求与响应的中间层组件，在实际项目开发中Servlet过滤器主要用于对浏览器的请求进行过滤处理，将过滤后的请求再转给下一个资源。其实Servlet过滤器与Servlet十分相似，只是多了一个具有拦截浏览器请求的功能。过滤器可以改变请求的内容来满足客户的需求，对开发人员来说，这点在Web开发中具有十分重要的作用。

4.3.1.1　过滤器简介

作为一个技术术语，过滤器是在数据发送的起点和目的地之间截取信息并过滤信息的事物。对于Web应用程序而言，过滤器Filter是一个可以转换HTTP请求、响应以及首部信息的模块化的可重用组件。它位于服务器端，在客户端和服务器资源之间过滤请求和响应数据。这里的资源不仅包括动态的Servlet和JSP页面，也包含静态的Web内容。

通常，过滤器能分析请求，决定是否将请求传递给资源，或者不传递该请求，自己直接做出响应。过滤器能操作请求，修改请求首部，在传递该请求前将其封装为另一个自定义的请求。过滤器也能修改传递回的响应，在传递给客户端之前，将其封装为自定义的响应对象。

当Servlet容器接收到了针对资源的请求，它将检查是否有过滤器和该资源关联，若有过滤器和该资源关联，Servlet容器将先把该请求转发给这个过滤器。过滤器在处理完该请求之后，可能会做的事情是：

（1）产生一个请求，然后发给客户端。

（2）传递这个请求(修改或未修改)给过滤器链上下一个过滤器，若该过滤器是过滤器链上最后一个过滤器，将把请求传递给指定资源。

（3）将请求转发给另外一个(不是原先指定的)资源。

当资源返回时，响应将同样通过一系列的过滤器，不过这次是以相反的顺序通过，过滤器同样对响应对象作出修改。

以下组件是典型的过滤器组件：授权过滤器、日志和认证过滤器、图像转换过滤器、数据压缩过滤器、加密过滤器、XSLT过滤器、MIME类型链过滤器、缓存过滤器。

举例来说，在实际运行中，系统不希望请求中带有不合适的字符，特别是html标签“<”和“>”标记，因为这可能是导致一些代码注入的不安全因素。这种情况可以在每个Servlet内进行处理，但是它们需要做出的处理是完全一致的。这种大量的重复代码是不必要的，可以在Servlet之前添加Filter来减小工作量。

另外，有些在开发阶段的需求可能在实际的运行中不再需要，将这些需求作为Filer可以轻易地添加删除。因此，过滤器作为一种可重用的组件很适用于这些应用场景。

如下例中，HelloFilter.java 将在请求前后计算处理时间，显示在控制台上。HelloFilter.java的代码如下：

```
@WebFilter("/*")
public class HelloFilter implements Filer {
    private FilterConfig fConfig;
    public void destroy() { }
    public void doFilter(ServletRequest request. ServletResponse response,
FilterChain chain) throws IOException,ServletException{
        long begin = Calendar. getInstance getTimeInMillis();
        chain.doFilter(requeset,response);
        long end = Calendar.getInstance().getTimeInMillis();
        fConfig.getServletCotext().log("该请求的运行时间为：" + (end -
begin));
    }
    public void init(FilterConfig fConfig) throws ServletExcepion {
        this.fConfig = fConfig;
    }
}
```

4.3.1.2 过滤器类的实现与部署

过滤器通过<filter>元素在web.xml部署描述符中声明，通过定义<filter-mapping>元素可以配置一个或若干个过滤器的调用。可以使用Servlet的逻辑名将过滤器映射到特定的Servlet上，或者使用特定的URL模式将过滤器映射到一组Servlet和静态内容上。

（1）部署描述符。在部署描述符中可以使用<filter>和<filer-mapping>元素设置Filter，情况与Servlet类似。可选的初始化参数<init param>标签设置在<filter>标签中，如下所示：

```
<filter>
<filter-name>过滤器名</filter-name>
<filter-class>对应类<filter-class>
<init-param>
        < param-name >初始参数名</param name>
    < param-value >初始参数值</param-value>
```

<init-param>

</filter->

Filter的映射可以使用URL模式过滤多个资源，或者只过滤某一个Servlet。因此<filter mapping>元素有两种方式设置，URL 模式的映射和Servlet的URL模式相同。

<filter-mapping>

<filter-name>过滤器名</filter-name>

<url-pattern>对应url</url-pattern>

</filter mapping>

<filter-mapping>

<filter-name>过滤器名</filter-name>

<servlet-name>使用该filter的对应servlet</servlet-name>

</filter-mapping>

一个来自浏览器的请求会触发相关的过滤器，但如果是系统内的请求。即通过请求转发而来的请求对象，则默认不过滤。如果希望过滤这种情况可以在<filter mapping>标签下添加<dispatcher>标签，该标签的参数为哪些途径的请求是可以触发过滤器的，包括：REQUEST(默认客户端请求)，FORWARD (请求转发的forward方法)，INCLUDE(请求转发的include方法)。ERROR(容器的例外处理请求)，ASYNC(异步处理请求)。如：

<filter-mapping>

<filter name>过滤器名</filter-name>

<servlet-name>使用该filer的对应servet<servlet-name>

<dispatcher>REQUEST<dispatcher>

<dispatcher></dispatcher>....

</filter mapping>

（2）注解@WebFilter。过滤器也可以用注解@WebFilter进行部署设置，若同时使用注解和部器描述符，则注解会被部署描述符覆盖。初始化参数标签对应的标记是@WebInitParam。默认可只写出URL模式，过滤器名为filtername属性，映射的Servlet名为servletNames，转发类型为dispatcherTypes属性，如下例所示：

@WebFilter(

Filtername="过滤器名",

```
        urlPattern="url模式",
        ServletNames={"需要过滤的若干servlet").
        initParam={
                @WebInitParam(name="初始化参数名", "初始化参数值")
        }
        dispatcherTypes={
                DispatcherType.FORWARD,
                DispatcherType.INCLUDE
                .....
        }
)
```

（3）过滤器链的顺序。对一个请求URI，容器将使用两种方式映射过滤器匹配它，第一种是根据URL模式，第二种是根据Servlet名来匹配。为了控制调用链的顺序，这两种方式应当写在部署描述符中，调用链的顺序按照以下规则：

①容器将先根据匹配的URL模式调用过滤器，之后再根据Servlet名调用过滤器。

②过滤器调用的顺序始终按照在部署描述符中<filter-mapping>元素的设置次序。

4.3.2 Servlet监听器

4.3.2.1 监听器简介

事件机制给予了开发者一个控制程序和数据的有力手段。在一些对象的生存期间，事件机制可以提高管理资源的效率，更好地分解代码。应用程序的事件是指发生在程序中的特定动作，如添加属性、对象初始化等。

Web应用程序的事件监听器(Listener)是实现了一个或多个Servlet事件监听器接口的类。当Web应用被部署的时候，它们就在Servlet容器中初始化并注册，可以直接被开发者放置在WAR文件中。在HttpServletRequest对象、HttpSession对象以及ServletContext对象的状态改变时，Servlet事件监听器会接收事件通知。

其中，Servlet上下文监听器用于管理应用在JVM层次上的资源和状态：HTTP会话监听器用于管理来自同一客户端，发送给Web应用的一系列请求的状态和资源；Servlet 请求监听器用于在整个Servlet请求的生命周期里管理其状态。异步请求监听器用于管理像“超时”。“异步处理完成”这样的异步事件。

举例而言，若Web应用程序希望在HttpServletRequest 对象、HttpSession 对象以及ServletContext 对象设置移除以及获取属性的时刻做出一些处理，这时可以使用Servlet监听器机制。实现了Servlet监听器接口并进行设置，即可以在上述的时机对Servlet对象做出相应处理。

监听器机制在Java标准版中已经见到过。在图形界面编程的时候，借助事件委托模型(Delegation Event Model)实现了监听模型，监听器用以监听各种事件，图形界面的句柄需要主动注册到对应的监听器上。

在Servlet中需要做的同样是实现一个以事件对象为多数的监听器，但是这时不需要注册。在部署描述符或注解中标示出哪些类是监听器，Web容器会在Servlet中对应事件的发生时刻调用这些监听器进行处理，开发人员可以从自动传递来的参数中获取事件对象。

因此，开发人员需要做的首先是编写一个实现监听器接口的类，其次要将其设置在部署描述符中(或使用注解)。

4.3.2.2　监听器的应用实现

（1）监听器的部署。监听器设置规则统一而简单，没有灵活地让每个Servlet和监听器进行对应。而仅仅是用<listener>标签统一对所有类型的监听器进行设置，<listener-class>指出一个监听器接口的实现类。如Servlet在属性的事件产生时，会调用对应类别(比如HttpSession)的监听器，只要是属于这个类别的对象，监听器都会处理。当有多个监听器时，调用监听器的顺序参照web.xml中的设置顺序。监听器在部署描述符中的位置要比<servlet>靠前。如下所示：

```
<listener>
    <listener-class>任意实现监听器接口的类</listener-class>
</listener>
<listener>
    <listener-class>任意实现监听器接口的类</listener-class>
    </listener>
```

```
…
<servlet>...</servlet>
```

另外，同样可以使用注解的方式，监听器的注解是@WebListener，此时的注解不再需要任何属性。对属性类实现接口拓展而来的监听器，如HttpSessionBindingListener可以不用设置。

（2）监听器的实现。实现一个监听器。只需要实现监听器接口并在注解中标识(或在部署描述符中设置)，则发生对应事件时，容器会自动调用该实现处理对应的事件。

下例中的OnlineUserCounterjava使用生存期监听器HttpSessionListener实现对Session个数的统计，使用@ WebListener注解对监听器进行设置。OnlineUserCounter.java的代码如下：

```
@WebListener
public class OnlineUserCounter implements HttpSessionListener{
    private static int counter,
    public static int getCounter(){
        return counter,
    }
    public void sessionCreated(HttpSessionEvent arg0) {
        synchronized(this){
            OnlineUserCounter.counter++;
        }
    }
    public void sessionDestroyed(HttpSessionEvent arg0){
        synchronized(his){
            OnlineUerCouter.counter--;
        }
    }
}
```

SessionCounter.java 实现了HttpSessionBindingListener接口，它可以作为HttpSession的属性对象。在index.jsp中创建了一个唯一的该对象，并将它对每一个新的Session做绑定，和OnlineUserCounter不同的是，前者是在会话创建时调用该监听器，而SessionCounter则是在将该类的对象绑定到HttpSession时调用。

而和HttpSessionAttributeListener监听器不同的是，HttpSessionBindingListener是对属性对象本身的监听而不是对单个HttpSession对象属性的改变监听。SessionCounter.java的代码如下：

(SessionCounter.java)

```
public class SessionCounter implements HttpSessionBindingListener {
    private String data;
    private int bindingNum;
    public SessionCounter(){}
    public SessionCounter(Sring name) {
      this.data = name;
    }
    public void valueUnbound(HttpSessionBindingEvent arg0) {
      synchronized(this) {
        bindingNum--;
     }
    }
    public void valueUnbound(HttpSessionBindingEvent arg0) {
      synchronized(this) {
        bindingNum--;
     }
    }
    public String getData() {
      return data;
    }
    public int getCounter() {
      return bindingNum;
    }
}
```

要使用监听器，需要产生对应的事件，对应HttpSessionListener即是容器自动产生新的session。而HttpSessionBindingListener则是在实现该接口的对象被添加到Session对象中时被调用。

(index. jsp)

```
<body>
<%!
    SessionCounter counter = new SessionCounter();
%>
<h1>欢迎使用Servlet监听器</h1>
<h3>根据HttpSessionListener监听器。目前的在线人数是：</h3>
<%= OnlineUserCounter.getCounter()%>
<h3>根据HttpSessionBindingListener监听器，目前的在线人数是：</h3>
<%
    if (session.getAttribute("counter")==null){
       Session.setAttribute("counter",counter);
    }else {
       out.println(counter.getCouner());
  }
    %>
</body>
```

实例1　在Servlet中向客户端写Cookie信息

本实例介绍的是如何在Servlet中向客户端写Cookie信息，输入用户名和密码并将其提交到Servlet中，在Servlet中将用户名添加到Cookie对象中，然后关闭浏览器，在重新访问用户登录页时，用户名的文本框中会显示上一次输入的用户名信息。

■关键技术

本实例的实现主要是应用Servlet API中提供的Cookie类。用户把表单信息提交给Servlet 后，在Servlet中获取用户请求的信息并添加到Cookie对象中，再通过HttpServletResponse对象把Cookie信息返回给客户端，然后在JSP页面中通过request内置对象来获取客户端的Cookie 信息。

在JSP中使用Request对象获取的是一个Cookie对象的数组，需要在循环中遍历所有Cookie对象，并通过Cookie对象的getName()方法查找所有Cookie 对象的名称，然后根据找到的Cookie名称获得Cookie对象中的值。Cookie 类中包含的主要方法及说明如表4-1所示。

表4-1 Cookie 类的主要方法及说明

方法	说明
getComment()/setComment(String purpose)	获取/设置Cookie的注释
getDomain()/setDomain(String pattern)	获取/设置Cookie适用的域。一般地，Cookie只返回给与发送它的服务器名字完全相同的服务器
getMaxAge()/setMaxAge(int expiry)	获取/设置Cookie过期之前的时间，以秒为单位。如果不设置该值，则Cookie只在当前会话内有效，即在用户关闭浏览器之前有效
getName()/setName(String name)	获取/设置Cookie的名字
getValue()setValue(String newValue)	获取/设置Cookie的值
getPath()/setPath(String uri)	获取/设置Cookie适用的路径。如果不指定路径，Cookie将返回给当前页面所在目录及其子目录下的所有页面
getVersion()/setVersion(int v)	获取/设置Cookie所遵从的协议版本。默认版本为0

■设计过程

（1）新建用户登录表单页index.jsp，关键代码如下：

```
<form action="cookieservlet"method="post">
    <table align="center">
            <tr><td>用户名：</td><td><input type="text"name="name" /></
td></tr>
            <tr><td>密码：</td><td><input type="password"name="pwd"
/></td> </t>
            <tr><td colspan="2"><input type="submit"value="登录" /></td></
tr>
    </table>
</form>
```

（2）新建名为CookieServlet的Servlet 类，在该类的doPost()方法中获取用户名信息，然后添加到Cookie对象中并保存到客户端，关键代码如下：

```
public void doPost(HttpServletRequest request，HttpServletResponse response)
            throws ServletException，IOException {
        request.setCharacterEncoding("UTF-8");
        String name=request.getParameter("name");        //获得用户名
        name = java.net.URLEncoder.encode(name,"UTF-8"); //将用户名进行格式编码
        Cookie nameCookie=new Cookie("userName",name); //创建一个Cookie对象，并将用户名保存到Cookie对象中
        nameCookie.setMaxAge(60);                    //设置Cookie的过期之前的时间，单位为秒
        response.addCookie(nameCookie); //通过response的addCookie()方法将此Cookie对象保存到客户端浏览器的Cookie中
        request.getRequestDispatcher("success.jsp").forward(request,response);
    }
```

（3）在index.jsp页中读取所有客户端的Cookie，通过循环Cookie数组找到保存用户名的Cookie，关键代码如下：

```
<%
        String userName=null; //用于保存从Cookie中读取出的用户名
        Cookie cookieArr[]= request.getCookies(); //获取客户端的所有Cookie
        if(cookieArr!=null&&cookieArr.length>0){
                for(Cookie c:cookieArr){
                        if(c.getName().equals("userName )){ //如果Cookie中有一个名为userName 的Cookie
                                userName=java.net.URLDecoder.decode(c.getValue(),"UTF-8"); //将字符串解码，获得此Cookie的值
                        }
                }
        }
%>
```

（4）将获取到的用户名Cookie的值赋值给“用户名”文本框，关键代码如下：

```
<input type="text"name="name"value="<%if(userName!=null){out.
print(userName);}%>"/>
```

（5）在web.xml文件中配置CookieServlet类，关键代码如下：

```
<servlet>
        <servlet-name>CookieServlet</servlet-name>
        <servlet-class>com.lh.servlet.CookieServlet/servlet-lass>
</servlet>
<servlet-mapping>
        <servlet-name>CookieServlet</servlet-name>
        <url-pattern>/cookieservlet</url-pattern>
</servlet-mapping>
```

在创建Cookie对象时，由于不可以直接将中文字符作为Cookie中的值，因此在将中文字符保存到Cookie对象之前，应该使用java.net.URLDecoder类的decode()方法对中文字符进行编码。在获取该Cookie对象中的值时，需要使用java.netURLDecoder类的decode(方法对已经编码过的字符串进行解码，还原字符串的初始值。

实例2　利用Servlet实现用户永久登录

在访问一些网站时，用户在登录网站之后，网站会将该用户信息保存一段时间，当该用户再访问该网站时，不需要输入用户名和密码就会自动进入登录状态。运行本实例，输入账号和密码，然后选择有效期为“30天内有效”，单击“登录”按钮之后，该账号会保存30天，再次访问时不必登录，会直接进入登录状态，只有单击“注销登录”超链接时，该用户的登录状态才会失效。

本实例主要是在Servlet中通过Cookie 技术来实现的。首先在Servlet中获得用户输入的账号、密码和有效期，然后将账号信息保存在Cookie中，并设置该Cookie的最大保存时间，然后将此Cookie保存在客户端的Cookie中。

本实例的实现还用到了MD5加密技术。考虑到账号密码的安全性，由于不能将密码保存在Cookie中，因此可以在Servlet中，通过MD5加密算法将用户账号生成一个密钥并保存在Cookie中，然后在用户登录页中，就可以根据该密钥来判断页面显示的是用户登录还是登录后的状态。MD5加密是通过java. Security. MessageDigest类实现的，可以使用MD5或SHA字符串类型的值作为参数来构造一个MessageDigest 类对象，并使用update()方法更新该对象，最后通过digest()方法完成加密运算，代码如下：

```
String pwd="123456";
MessageDigest md=MessageDigest.getInstance("MD5"); //创建具有指定算法名称的摘要
md.update(pwd.getBytes());   //使用指定的字节数组更新摘要
byte mdBytes[]=md.digest();  //进行哈希计算并返回一个字节数组
```

设计过程如下：

（1）新建名为MakeMDS的类，该类实现了将字符串转换为MDS值的方法，关键代码如下：

```
public class MakeMD5{
public final static String getMD5(String str){
    char hexDiagitArr[]={'0','1','2','3','4','5','6','7','8','9','a','b','c','d','e','f'};
    MessageDigest digest=null;
    try{
        digest=MessageDigest.getInstance("MD5"); //创建 MD5算法摘要
        digest.update(str.getBytes());          //更新摘要
        byte mdBytes[]=digest.digest();         //加密并返回字节数组
        //新建字符数组，长度为myBytes字节数组的2倍，用于保存加密后的值
        char newCArr[] = new char[mdBytes.length*2];
        int k=0;
        for(int i=0;i<mdBytes.legth;i++){ //循环字节数组
            byte byte0=mdBytes[i];          //获得每一个字节
            newCArr[k++]=hexDiagitArr[byte0>>>4&0xf];
            newCArr[k++]=hexDiagitArr[byte0&0xf];
    }
        return String.valueof(newCArr);       //返回加密后的字符串
```

```
        }catch(Exception ex){
                ex.printStackTrace();
        }
        return null;
    }
    }
```

（2）新建用户登录页index.jsp，该页中包含一个用户登录表单和一个登录之后状态的显示信息，如果用户第一次访问该页会显示用户登录表单，并不会显示登录之后的信息，当用户登录之后再次访问用户登录页时，会判断Servlet返回的Cookie信息，根据Cookie信息来决定是否显示用户登录之后的信息，关键代码如下：

```
    <body>
        <%
            if(loginFlag){
        %>
        <fieldset class="style1"><legend>欢迎您回来</legend>
                <table align="center">
                        <tr>
                                <td><%=account %>，欢迎您登录本网站! </td>
                                <td align="center">
                                        <ahref="<%=basePath%>foreverlogin?action
=logout">注销登录</a>
                                </td>
                        </tr>
                </table>
        </fieldset>
        <%}else{%>
        <fieldset class="style1"><legend>用户登录</legend>
            <form action="foreverlogin?action=login"method="posr">
                <table align="center">
                    <tr>
                        <td>账号：</td>
                        <td><input type="text"name="account"></td>
```

```
                </tr>
                <tr>
                    <td>密码：</td>
                    <td><input type="password"name="pwd"></td>
                </tr>
                <tr>
                    <td>有效期：</td>
                    <td>
                        <input type="radio"name="timeout"value="-1"
checked="checked">
                        关闭浏览器即失效<br/>
                        <input type="radio"name="timeout"
value="<%=30*24*60*60 %>">
                        30天内有效<br/>
                        <input type="radio"name="timeout"
value="<%=Integer.MAX_VALUE %> ">
                        永久有效
                    </td>
                </tr>
                <tr>
                    <td colspan="2"align="center"><input type="submit"
value="登录" ></td>
                </tr>
            </table>
        </form>
    </fieldset>
    <%}%>
</body>
```

（3）新建名为ForeverLoginServlet的Servlet类，在该类的doPost()方法中根据提交过来的action参数值来判断调用用户登录方法或用户注销的方法，关键代码如下：

```
public void doPost(HttpServletRequest request,HttpServletResponse response)
```

```
            throws ServletException,IOException {
        request.setCharacterEncoding("UTF-8"); //设置请求编码格式
        response.setCharacterEncoding("UTF-8"); //设置响应编码格式
        String action=request.getParametre("action");//获得action参数，主要判
断是登录还是注销
        if("login".equals(action)){
            this.login(request,response); //调用login()方法
        }else if("logout".equals(action)){
            this.logout(request,response); //调用logout()方法
      }
    }
    /**
    *该方法处理用户登录
    */
    public void login(HttpServletRequest request,HttpServletResponse response)
            throws ServletException,IOException{
        String account=request.getParameter("account"); //获得账号
        String pwd=request.getParameter("pwd");    //获得密码
        int timeout=Integer.parseInt(request.getParameter("timeout");//获得登录
保存期限
        String md5Account=MakeMD5.getMD5(account); //将账号加密
        account=URLEncoder.encode(account,"UTF-8");   //如果账号是中文，
需要转换Unicode才能保存在Cookie中
        Cookie accountCookie=new Cookie("account",account);//将账号保存在
Cookie中
        accountCookie.setMaxAge(timeout); //设置账号Cookie的最大保存
时间
        Cookie md5AccountCookie=new Cookie("md5Account",md5Accou-
nt);//将加密后的账号保存在Cookie中
        md5AccountCookie.setMaxAge(timeout); //设置加密后的账号最大保
存时间
        response.addCookie(accountCookie);   //写到客户端的Cookie中
```

```
            response.addCookie(md5AccountCookie);//写到客户端的Cookie中
            try{
                    Threadsleep(1000);        //将此路径暂停1秒后继续执行
            } catch(InterruptedException e) {
                    e.printStackTrace();
            }
            response.sendRedirect("index.jsp?"+System.currentTimeMillis()); //将页
面重定向到用户登录页
    }
    /**
    *该方法处理用户注销
    */
    public void logout(HttpServletRequest request,HttpServletResponse response)
                throws ServletException,IOException{
            Cookie accountCookie=new Cookie("account","");//创建一个空的
Cookie
            accountCookie.setMaxAge(0); //设置此Cookie保存时间为0
            Cookie md5AccountCookie=new Cookie("md5Account","");//创建一个
空的Cookie
            md5AccountCookie.setMaxAge(0);//设置此Cookie保存时间为0
            response.addCookie(accountCookie);//写到客户端Cookie中，将覆盖
名为account的Cookie
            response.addCookie(md5AccountCookie);//写到客户端Cookie中，将
覆盖名为md5AccountCookie的Cookie值
            try {
                    Thread.sleep(1000);        //将此路径暂停1秒后继续执行
            } catch (InterruptedException e) {
                    e.printStackTrace();
            }
            //将页面重定向到用户登录页
            Response.sendRedirect("index.jsp?"+System.currentTmeMillis());
    }
```

（4）在index.jsp 页中，设置一个保存是否登录的标记loginFlag为false，通过request 内置对象获得所有Cookie信息的数组，循环该数组查找账号的Cookie信息和加密账号之后的Cookie信息，然后通过MD5算法将账号加密生成密钥，将该密钥值与Cookie 中保存的加密账号比较，如果两值匹配则将loginFlag标记改为true，然后在页面中根据loginFlag的值来判断显示用户登录之后的信息，关键代码如下：

```
<%
boolean loginFlag=false;  //设置一个变量，用于保存是否登录
String account=null;      //声明用于保存从Cookie中读取的账号
String md5Account=null; //声明用于保存从Cookie中读取的加密的账号
Cookie cookieArr[]=request.getCookies(); //获取请求中所有的Cookie
if(cookieArr!=null&&cookieArr.length>0){
        for(Cookie cookie:cookieArr){    //循环Cookie数组
            if(cookie.getName().equals("account")){
                account=cookie getValue(); //找到账号的Cookie值
                account = URLDecoder.decode(account,"UTF-8");//解码，
还原中文字符串的值
        }
            If(cookie.getName().equals("md5Account")){
                md5Account=cookie.getValue(); //找到加密账号的Cookie
值
        }
    }
}
If(account!=null&&md5Account!=null){
    loginFlag=md5Accouny.equals(MakeMD5.getMD5(account);
}
%>
```

当Servlet向客户端写Cookie时，关键是要通过Cookie类的setMax.Agecint expiry()方法来设置Cookie的有效期。参数expiry以秒为单位，如果expiry大于零，就指示浏览器在客户端硬盘上保持Cookie的时间为expriy秒；如果expiry等于零，就指示浏览器删除当前Cookie；如果expiry小于零，就指示浏览器不要把Cookie保存到客户端硬盘，当浏览器进程关闭时，Cookie 也就消失。

第5章

组件JavaBean技术

在开发Web应用程序时，由于大部分数据都是以字符串形式表示的，所以避免不了要对这些字符串数据进行处理。例如，有时需要将小写金额转换为大写，将一个长的字符串进行截取，过滤字符串中的空格等，这些操作在程序中会经常用到。本节将介绍一些常用的字符串处理的JavaBean。

5.1 JavaBean概述

Bean的中文含义是“豆子”，顾名思义JavaBean是一段Java小程序。JavaBean实际上是指一种特殊的Java类，它通常用来实现一些比较常用的简单功能，并可以很容易地被重用或者是插入其他应用程序中去。所有遵循一定编程原则的Java类都可以被称作JavaBean。

JavaBean是描述Java的软件组件模型，有点类似于Microsoft的COM组件概念。在Java模型中，通过JavaBean可以无限扩充Java程序的功能，通过JavaBean的组合可以快速地生成新的应用程序。对于程序员来说，最好的一点就是

JavaBean可以实现代码的重复利用，另外对于程序的易维护性等也有很重大的意义。

5.1.1 什么是 JavaBean

通常在开发JSP网页程序时，如果需要的程序功能已经在其他的网页程序中实现了，会考虑将已有程序代码重复使用。解决程序代码重复使用问题的方法有多种，例如，将需要重复使用的代码写成子程序网页，其他的网页来引用这个网页；将重复使用的程序代码保存在文本文件中，利用include指令，将其包含在网页中。但这两种解决方式带来了新的问题：新的JSP网页引用外部文件，将其嵌入到当前的网页中，使得所使用的外部文件很难保证代码版本的一致。

在Java Web应用程序开发中，对于程序代码的重复使用，可以采用JavaBean技术。JavaBean是一种Java类，它通过封装属性和方法成为具有独立功能、可重复使用的、并且可与其他控件通信的组件对象。从定义上来说，JavaBean 是可重复使用的Java组件。在软件的组成中，有一系列功能化的单元，每一个单元是一个模块，这些模块称之为组件。

JavaBean技术最初使用在桌面可视化编程上，其中的Bean组件指的是桌面端程序的模块。这些组件包含模块的内容，比如一个文本框的文字、一个按钮等，并且接受外部事件，如数据的输入、点击按钮等。同时，组件也需要实时反映其内容和结果。这些JavaBean模块在功能上倾向于GUI的控件，它们和其他模块是独立的，在MVC程序结构里也称作模型Model。

可以看出，在桌面可视化编程中，JavaBean就是用于封装这些可视化组件的Java程序。因此，JavaBean实际来源于GUI可视化编程，是Java借鉴当时桌面端软件技术的结果。

而在Web应用系统中JavaBean所代表的组件的功能常常体现在业务逻辑、数据库连接和数据处理上。它不用像桌面端Bean那样，需要在用户界面中显示数据，并设定一个监听器来接受某个特定的事件。

由此，JavaBean 可分为两种：可视化的JavaBean和非可视化的JavaBean。可视化的JavaBean主要应用于桌面可视化编程中，能够将接收到的数据显示在用户界面中。非可视化的JavaBean通常应用于Web系统中，没有GUI图形用户界面，用来封装事务逻辑、数据库操作等。

事实上，我们提到Web中的JavaBean和桌面GUI里的JavaBean有一定的区别，并不是一个相同的概念。后者从软件的组成上来说仍是一个模块，前者根据Web的系统架构进行了简化，它主要包含了一个模块的内容。而在Web系统领域使用相同的术语JavaBean，它们通常是对一系列的数据进行了封装，比如一个列表或若干数值，同时也同样包含了一系列的动作，可以自动完成一串动作序列。

Web领域的JavaBean也是可以重用的，但在不同的地方使用同一个JavaBean显得没有那么重要，使用JavaBean更侧重于降低程序代码间的耦合度，从而使得整个系统变得比较灵活。例如，在使用JSP编写动态页面时，JavaBean可以将对数据处理的内容与对HTML显示的内容进行分离，改善代码的结构，提高JSP的可维护性。

JavaBean能作为一种Java技术的另一重要原因，是因为它需要满足JavaBean的规范。JavaBean规范适用于桌面GUI、Web层和EJB这些不同的应用领域。Bean 的本质是一个Java类，按照规范编写的JavaBean可以在Java EE的系统中使用，和其他模块进行组合。更重要的是，使用Bean规范编写的Java类是一个可重用构件，因此实现起来比较简单，使用也会比较方便。

5.1.2　JavaBean的特征与创建

JavaBean本质上是一个Java类，它可以不继承任何父类，也可以不实现任何接口，因此也称为POJO(Plain Ordinary Java Object)，有时候也可将JavaBean和POJO等同起来。但这个POJO要实现JavaBean的功能必须满足以下JavaBean规范。

（1）JavaBean内的属性都应被定义成私有。

把属性定义为私有的，那么访问这些属性就只能通过JavaBean里面提供的方法，这样可以有效保护数据的完整性和封装性。

（2）JavaBean 必须有一个没有参数的构造函数。

JavaBean类中必须要有一个public类型的无参数的构造函数。若类中没有任何构造函数，那么编译器会自动生成一个没有参数的构造函数。这个构造函数在实例化JavaBean类的时候被调用。如在JSP页面中使用<jsp:useBean>动作。

（3）JavaBean中的属性通过getXXX()和setXXX()方法来操作访问。

JavaBean中的所有方法都被声明为public类型的方法，JSP中只能识别那些public类型的方法所对应的属性。要使JSP页面能够操作Bean中的私有属性，需要提供setter和getter方法。这些方法的名称里，属性名必须以大写开头。例如，setName()方法在JSP使用<jsp:setProperty name=""property="name"value=""/>动作时被调用。property的值"name"虽然是个小写，但对应Bean中的方法应该是个大写。

（4）JavaBean通常为了满足序列化要求，需要实现Serializable接口，但这一规范在JSP使用JavaBean时不是必须的。

下例是一个满足JavaBean 规范的Person类，代码如下：

```
package websamp;
import java.io.Serializable;
public class Person implements Serializable{
    private String name;            //私有属性name
    private int age;                //私有属性age
    public Person(){ }              //无参数的构造函数(可省略)
    //属性的getter和setter方法
    public String getName() {
        return name;
    }
    public void setName(String name){
        this.name = name;
    }
    public int getAge(){
        return age;
    }
    public void setAge(int age){
        this.age = age;
    }
}
```

5.1.3　JavaBean 编写规范

编写JavaBean就是编写一个Java的类，这个类创建的一个对象称作一个Bean。为了能让使用这个Bean的应用程序构建工具（比如JSP引擎）知道这个Bean的属性和方法，需在编写时遵守以下规则。

（1）类必须是公有的，有一个默认的无参的构造方法。

（2）类中可以定义若干属性，但必须是私有的。

（3）类中可以定义若干方法，但必须是公有的。

（4）如果类的属性的名字是XXX，那么为了更改或获取属性的值，应该为每个属性生成两个对应的方法，如下所示。

①getXXX():用来获取属性XXX。

②setXXX():用来修改属性XXX。

对于boolean类型的成员变量，即布尔逻辑类型的属性，允许使用“is”代替上面的“get”和“set”。属性对应的get和set方法可以不用手动编写，当设置完属性后，在空白处右键单击，选择“Source”-“Generate Getters and Setters”选项。在弹出的对话框中要为哪些属性生成对应的get和set方法就勾选哪些属性。经过以上操作后，就会为勾选的属性自动生成相应的get和set方法。

5.1.4　调用JavaBean

<jsp:useBean>标签用来调用JavaBean，该动作将实例化一个JavaBean对象。语法格式如下：

```
<jsp:useBean id="name"scope="request|session|page|application"
    class="package.class" beanName="class|file" type="class|interface"/>
```

●id属性指定该JavaBean对象的变量名，是对象的唯一标识。

●scope属性指出该JavaBean对象的有效范围，此属性可接受的值为request、session、page、application四个，默认值为page，表示在当前页面可用。在执行过程中，该动作首先会尝试寻找在scope范围内具有相同id的实例，如果没有就会自动创建一个新的JavaBean实例。

●class属性指定该JavaBean对象对应的类名。该属性值为包含包的完整类名。

●beanName属性与class相同，但可以将一个序列化文件指定给该属性。

●type属性指示出该JavaBean对象的类型，它可以是class或beanName值对应的父类或者接口。

倘若在指定作用域内没有id对应的JavaBean对象存在，则<jsp:useBean>动作会创建一个新实例。因为JavaBean必然存在一个无参的构造函数，<jsp:useBean>动作相当于脚本元素：

```
<% package.class name = new package.class;%>
```

若作用域内存在这个JavaBean对象，则相当于对本地变量的赋值操作。

因为一个对象只能由一个类实例化而来，因此class和beanName两个属性不可以同时存在。若使用beanName反序列化，则需要指出其type；若没有设置type属性，则该对象不是被反序列化或引用其他对象得来，因此必须设置class属性用于创建新对象。

总之，在使用class时可以不使用type属性。但决不能使用beanName；在使用beanName时，必须要使用type，且决不能使用class。

在JSP中可以通过以下动作实例化一个变量名为person的Person对象：

```
<jsp:useBean id="person"class="test.Person"scope="session"></jsp:useBean>
```

可以看出，该变量所处的生存域为session域。

在JSP中除了使用动作元素，直接在JSP脚本元素中初始化JavaBean并将其作为page、request、session和application的属性，即通过xxx.setAttribute()方法，也等同于在对应的域中调用了这个JavaBean。例如，在session中调用Person也等同于使用该JavaBean：

```
<%
    Person Obj=new Person();
    Session.setAttribute("person", Obj);
%>
```

5.2　JavaBean属性

5.2.1　访问JavaBean属性

通过<jsp:getProperty>动作可以访问JavaBean 的属性，从指定的JavaBean对象中取出属性值。该动作的使用格式如下：

<jsp:getProperty name="JavaBean的名称"property="属性的名称"/>

使用<jsp:useBean>动作实例化一个Bean之后，在当前页面就可以通过useBean 中id属性的值来引用对应的Bean对象，从而获取这个Bean中的成员值。其中：

●name属性对应于<jsp:useBean>动作中的id。

●property属性的值对应于JavaBean的一个内部成员，更准确地说是对应一个成员方法。若propety属性为xxx(首字母小写)，那么在name所指向的那个对象中必须实现一个getXXX()方法，方法中对应名字的首字母要大写。

该动作最终得到一个字符串，而如果JavaBean中，原本对应方法返回的数据类型不是字符串，则原来的类型将被自动转化为字符串类型，结果将被插入到该动作标签所处的位置上。如：<jsp:getProperty name="person"property="name"/>，该动作可以获取之前声明id为person的JavaBean对象中的name成员。这一过程首先在作用域中获取该Bean的对象，然后调用了对象的getName()方法，将该返回值插入了JSP的输出流。如果该返回对象不是一个String类型。而是类似int的基本类型。则该int类型将被转换为字符串再插入输出流。

使用EL表达式也可以访问JavaBean中的属性，但是使用EL表达式仍然需要该JavaBean是存在于页面中的。如需要访问person对象的name成员，则直接使用表达式$(person.name)即可。

5.2.2 设置JavaBean属性

<jsp:setProperty>标签用于设定JavaBean的属性值，该动作的使用语法格式如下：

```
<jsp:setProperty name ="JavaBeanName"
{property="*"|
Property="propertyName" [param="parameterName"]|
property="propertyName" value="String"|value'<%= expression%>'
}/>
```

<jsp:setProperty>动作对Bean赋值有三种方式：自动赋值、通过请求参数半自动赋值和手动赋值。具体使用时，三种方式里需要选择其中一种。

●name属性仍然对应<jsp:useBean>中的id，这是必须存在的。

●对于property属性，有以下的使用方式：

（1）property="*"表示所有request请求参数的所有值会自动匹配JavaBean中的属性，所有和Bean属性名匹配的request请求参数值将被传递给相应属性的set方法。

如果JavaBean中的属性名称和请求参数相同，则自动赋值。如果request对象的参数值中有空值，那么对应的JavaBean属性将不会设定任何值。当然，如果JavaBean中某个（些）属性没有与之对应的request参数值，那么这个属性同样不会设定。

（2）property="propertyName"[param="parameterName"]使用某个特定的请求参数值来指定JavaBean中的某个属性值。其中，property指定JavaBean中的属性名，param指定特定的请求参数名。如果JavaBean属性名和请求参数的名称不同，则param需要指定，如果相同，也可以不指定param。如test.jsp页面中有语句：

```
<jsp:setProperty name ="person"property="name"param="userName"/>
```

那么访问该页面的URL为“http://localhost:8080/test.jsp?userName=WuQingYuan”时，请求参数useName的值“WuQingYuan”就会被赋给<jsp:setProperty>中的属性“name”。

（3）property="propertyName"value="string|<%=expression%>"表示手动指定JavaBean中成员的值，value的值将被赋值给property属性的值所对应的成员。value可以是一个固定的字符串，也可以是一个表达式，不能在<jsp:setProperty>

中同时使用param和value。

在JavaBean中的成员类型不一定是字符串类型，而请求参数和在JSP中的字面量必然是字符串。通过setProperty动作中对Bean成员赋值。value的值会自动经过类型转换。但在JSP中仅限于将字符串转换为Java中原始(基本)数据类型及其包装类，不能自动转换为对象。

动作<jsp:useBean>进行属性类型的自动转换时，实质上是调用了表5-1所列的对应的方法。

表5-1　JavaBean中属性类型自动转换

属性类型	转换方法
Boolean	Boolean.valueof(String)
Byte	Byte.valueof(String)
Char	Sring.charAt(0)
Double	Double.valueof(String)
Int	Integer.valueof(String)
Float	Flat.valueof(String)
Long	Long.valueof(Sring)
Short	Short.valueof(String)
Object	New String

举例来说，<jsp:setProperty name="person"property="name" value ="WuQingYuan"/>这一动作的过程是，首先在作用域中根据name值“person”找到对应的JavaBean对象，然后根据property所指出的属性“name”，调用该对象对应的赋值方法setName(参数)。如果参数类型不是String, JSP会对字符串调用上表列出的对应方法，将其转换为对应的类型。

下面示例中的JSP页面将在本页面作用域内通过<jsp:useBean>动作实例化一个Person对象，然后通过<jsp:setProperty>动作对其内容进行复制，最后使用getProperty动作取出该Bean的成员属性值name和age。代码如下：

```
<%@page language="java"import="java.util.*,websamp.*"
pageEncoding="UTF-8"%>
```

```
<%@page contentType="text/html;charset=UTF-8"%>
<!DOCTYPE HTML PUBLIC"-//W3C//DTD HTML 4.01 Transitional//EN">
<html>
    <head><title>A simple example</title></head>
    <body>
        <jsp:useBean id="person"scope="page"class="websamp.Person"/>
        <jsp:setPoperty property="name"name="person"value="WuQingYuan"/>
        <jsp:setPopety property="age"name="person"value="100"/>
        Name: <jsp:getProperty property="name"name="person"/><br/>
        Age:<jsp:getProperty property="age"name="person"/>
    <body>
</html>
```

以上对Bean中成员的赋值和读取都是通过动作元素自动实现的。比如int类型的age数据，在Bean中提供的相应setter和getter方法是：

```
int getAge();
void setAge(int age);
```

这里的参数和返回值都是int，而不是String，这表示在JSP的动作<jsp:setProperty>中数据的转换是自动的，是不需要做任何处理的。

这里JavaBean中的数据类型只能是原始类型及其包装类，数据才能正常存储和读取。

但是JavaBean中的数据类型显然不是仅限于原始类型。特别是对于多值参数这种很常见的情况，是需要以数组传递的。

此时可使用的方法有，在JSP的脚本元素中嵌入Java代码，使用自定义标签，以及使用Servlet的过滤器处理请求参数。

下面的示例中名为BeanType的JavaBean中存储了一个数组。通过JSP页面的脚本代码(scripting)对它进行赋值。代码如下：

```
(websamp/BeanType.java)
package websamp;
import java.io.Serializable;
public class BeanType implements Serializable{
    private static final long serialVersionUID=1L;
    private String[] aProperties;
```

```
    public void setAProperties(String[]aPropertie){
        this.aProperties=aProperties;
    }
    public String[] getaProperties(){
        return aProperties;
    }
}
```

在入口页面中有一个包含多值参数的表单。

```
<form action="array-properties.jsp"method="GET">
    <input type="checkbox"name="aProperties"value="first"/>First
    <input type="checkbox"name="aProperties"value="second"/>second
    <input type="checkbox"name="aPropertis"value="third"/>Third
    <input type="submit"value="提交"/>
</form
```

这种情况，只使用JSP 基本动作元素是无法处理的。这时，可以在处理该请求的JSP页面中使用scripting。

下面的JSP scriping中，初始化一个Bean对象，通过内置对象request获取的请求参数数组将作为该Bean对象的成员。对Bean中的数据做出赋值的正是该Bean中的setter方法。之后，也可以从Bean中通过getter 方法获取这个Bean中的成员。

```
<%
    BeanType bean = new BeanType();
    bean.setaProperties(request.getParameterValues("aProperties"));

    String[]parameters=bean.getaProperties();
        for(String s:parameters){
            Out.printIn(s);
      }
%>
```

由此可见，实现了setter 和getter方法的JavaBean，它作为一个对象并不是只能使用在如JSP动作元素一样的某一个Java机制上。而使用动作机制的本质，却正是通过如上的JSP脚本，更准确地说，是通过Servlet API来对JavaBean中的数据进行存储。

5.3 JavaBean作用域范围

每个JavaBean都有自己具体的作用域，通过使用<jsp:useBean>动作的scope属性进行作用域的设置。JSP中规定了JavaBean对象可以使用四种作用域：page、request、session和application，默认的JavaBean对象的作用域是page。

四个作用域的作用范围、对应的对象、对象的类型如表5-2所示。

表5-2 作用域的范围、对应对象及类型

作用范围	对应的对象	对象的类型
page	pageContext	PageContext
request	request	ServletRequest
session	session	HttpSession
application	application	ServletContext

5.3.1 page作用域

page作用域在这4种类型中范围是最小的，客户端每次请求访问时都会创建一个JavaBean对象。JavaBean对象的有效范围是客户请求访问的当前页面文件，当客户执行当前的页面文件完毕后JavaBean对象结束生命。

在page范围内，每次访问页面文件时都会生成新的JavaBean对象，原有的JavaBean对象已经结束生命期。

5.3.2　request作用域

当scope为request时，JavaBean对象被创建后，它将存在于整个request的生命周期内，request对象是一个内建对象，使用它的getParameter方法可以获取表单中的数据信息。

Request范围的JavaBean与request对象有着很大的关系，它的存取范围除了page外，还包括使用动作元素< jsp:include>和<jsp: forward>包含的网页，所有通过这两个操作指令连接在一起的JSP程序都可以共享同一个JavaBean对象。

5.3.3　session作用域

当scope为session时，JavaBean对象被创建后，它将存在于整个session的生命周期内，session对象是一个内建对象，当用户使用浏览器访问某个网页时，就创建了一个代表该链接的session对象，同一个session中的文件共享这个JavaBean对象。客户对应的session生命期结束时JavaBean对象的生命也结束了。在同一个浏览器内，JavaBean对象就存在于一个session中。当重新打开新的浏览器时，就会开始一个新的session。每个session中拥有各自的JavaBean对象。

5.3.4　application作用域

当scope为application时，JavaBean对象被创建后，它将存在于整个主机或虚拟主机的生命周期内，application范围是JavaBean的生命周期最长的。同一个主机或虚拟主机中的所有文件共享这个JavaBean对象。如果服务器不重新启动，scope为application的JavaBean对象会一直存放在内存中，随时处理客户的请求，直到服务器关闭，它在内存中占用的资源才会被释放。在此期间，服务器并不会创建新的JavaBean组件，而是创建源对象的一个同步复制，任何复制对象发生改变都会使源对象随之改变，不过这个改变不会影响其他已经存在的复制对象。

5.4　在JSP中应用JavaBean

5.4.1　JSP和JavaBean

在Java Web开发应用中，和JavaBean关系最为密切的是JSP。使用"JSP+JavaBean"这对组合可以更加高效地开发Java Web程序。在JSP网页中，既可以通过程序代码来访问JavaBean，也可以通过特定的JSP标签来访问JavaBean。采用后一种方法，可以减少JSP网页中的程序代码，使它更接近于HTML页面。下面介绍访问JavaBean的JSP标签。

5.4.1.1　导入JavaBean类

如果在JSP网页中访问JavaBean，首先要通过<%@ page import>指令引入JavaBean类。例如下面的代码：

```
<%@ page import="mypack.CounterBean"%>
```

5.4.1.2　声明JavaBean对象

在Java Web应用中，可以使用<jsp:useBean>标签来声明JavaBean对象，例如下面的代码。

```
<jsp:useBean id="myBean"class="mypack.CounterBean"scope="session" />
```

通过上述代码，声明了一个名为"myBean"的JavaBean 对象。在标签<jsp:useBean>中有以下三个重要属性：

id属性：代表JavaBean对象的ID，实际上表示引用JavaBean对象的局部变量名，以及存放在特定范围内的属性名。JSP规范要求存放在所有范围内的每个

JavaBean对象都有唯一的ID，例如不允许在会话范围内存在两个ID为“myBean”的JavaBean，也不允许在会话范围和请求范围内分别存在ID为“myBean”的JavaBean。

class属性：用来指定JavaBean的类名。

scope属性：用来指定JavaBean对象的存放范围，可选值包括page（页面范围）、request（请求范围）、session（会话范围）和application（Web应用范围）。scope属性的默认值为page，范例中的scope属性取值为"session"，表示会话范围。

标签<jsp:useBean>的处理流程如下：

（1）定义一个名为myBean的局部变量。

（2）尝试从scope指定的会话范围内读取名为“myBean”的属性，并且使得myBean局部变量引用具体的属性值，即CounterBean对象。

（3）如果在scope 指定的会话范围内，名为“myBean”的属性不存在，那么就通过CounterBean类的默认构造方法创建一个CounterBean对象，并把它存放在会话范围内，令其属性名为“myBean”。此外，myBean局部变量也引用这个CounterBean对象。

前面的<jsp:useBean>标签和下面Java程序代码的作用是等价的。

```
mypack.CounterBean myBean=null;
//定义myBean局部变量
//试图从会话范围内读取myBean属性
myBean=(mypack.CounterBean)session.getAttributet("myBean";
if(myBean=null){//如果会话范围内不存在myBean属性
myBean=new mypack.CounterBean();
session.setAttribute("myBean", myBean);
}
```

对前面<jsp:useBean标签的代码和上面与其等价的Java 代码进行比较，可以看出<jsp:useBean>标签在形式上比Java程序片段简洁多了。

当在标签<jsp:useBean>中指定class属性时，必须给出完整的JavaBean的类名，包括类所属的包的名字。如果将前面的声明语句改为如下格式：

```
<jsp:useBean id="myBean"class="CounterBean" scope="session" />
```

此时JSP编译器会找不到CounterBean类，从而抛出ClassNotFoundException异常。

5.4.1.3 访问JavaBean属性

JSP提供了访问JavaBean属性的标签，如果要将JavaBean的某个属性输出到网页上，可以用<jsp:getProperty>标签实现，例如下面的代码：

```
<jsp:getProperty name="myBean"property="count" />
```

上述标签<jsp:getProperty>根据属性name的值“myBean”找到由标签<jsp:useBean>声明的ID为“myBean”的CounterBean对象，然后输出它的count属性。上述代码等价于下面的Java代码：

```
<%=myBean.getCount()%>
```

Servlet容器在运行标签<jsp:getProperty>时，会根据property属性指定的属性名自动调用JavaBean的相应的get方法。

例如上述代码中的属性名为“count”，所以相应的get 方法的名字为“getCount”。假如在类CounterBean中不存在getCount()方法，那么Servlet容器在运行<jsp:getProperty>标签时就会抛出异常。所以建议开发人员在创建JavaBean类时要严格遵守JavaBean的规范，只有这样才能保证在JSP中能够正常访问JavaBean的标签。

标签<jsp:getProperty>在形式上还不够简洁，通过EL表达式“${myBean.count}”可以实现与上面<jsp:getProperty>标签的同样功能。

如果要给JavaBean的某个属性赋值，可以用<jsp:setProperty>标签实现，例如下面的代码：

```
<jsp:setProperty name="myBean" property="count" value="1"/>
```

在上述标签<jsp:setProperty>代码中，可以根据属性name的值“myBean”找到由标签<jsp:useBean>声明的ID为“myBean”的CounterBean对象，然后给它的count属性赋值。上述标签<jsp:setProperty>等价于下面的代码：

```
<%myBean.setCount(1);%>
```

如果一个JSP文件通过<jsp:setProperty>或<jsp:getProperty>标签访问一个JavaBean的属性，必须在此JSP文件中先通过<jsp:useBean>标签来声明这个JavaBean，否则<jsp:setProperty>和<jsp:getProperty>标签在运行时会抛出异常。

5.4.2　JSP+JavaBean的应用

通过一个实例阐述如何在JSP页面中灵活运用JavaBean。

5.4.2.1　新建 Web Project

新建Web Project，名字为webproject6。

5.4.2.2　新建并编辑Book. java

（1）新建Book.java。

由于JavaBean在编写上就是一个普通的Java类，在MyEclipse中没有专门开发JavaBean的向导，在MyEclipse中编写JavaBean的方式和开发一般的普通类的过程是一样的。

右键单击src，选择“New”→“class”选项，在弹出的窗口中设置包名为com.zhangli.javabean，类名为Book，然后单击“Finish”按钮即可。

（2）编辑Book. java。

Book.java代码如下所示。

```
package com.zhangli.javabean;
public class Book{
    private String isbn;
    private String name;
    private String author;
    private boolean sale;
    public String getIsbn(){
        return isbn;
    }
    public void setIsbn(String isbn) {
        this.isbn=isbn;
    }
    public String getName(){
```

```
        return name;
    }
    public void setName(String name){
        this.name=name;
    }
    public String getAuthor(){
        return author;
    }
    public void setAuthor(String author){
        this.author=author;
    }
    public boolean isSale(){
        return sale;
    }
    public void setSale(boolean sale){
        this.sale=sale;
    }
}
```

5.4.2.3 新建并编辑book. htm

（1）新建book.htm。右键单击WebRoot，选择 “New”→“HTML”选项，在弹出的窗口设置名字为book.htm，这个HTML页面中主要有一个表单，通过表单提交四个参数给displaybook.jsp页面，然后在displaybook.jsp页面中通过使用JavaBean的动作，操作Book对象。

（2）编辑book.htm。book.htm的代码如下所示。

```
<! DOCTYPE HTML PUBLIC"-//W3C//DTD HTML 4.01 Transitional//EN" >
< html>
  < head>
    <title> book.htm</title>
    <meta http-equiv="keywords"content="keyword1,keyword2, keyword3">
    <meta http-equiv="description"content="this is my page">
```

```
        <meta http-equiv="content-type"content="text/html;charset=UTF-8" >
        <! --<link rel="stylesheet"type="text/css"href=". /styles.css">-->
</ head>
< body>
    <form name="form1"method="post"action="displaybook.jsp">
        ISBN:<input type="text"name="isbn">< br>
        书名：<input type="text"name="name"><br>
        作者：<input type="text"name="author"><br>
        是否售出：是<input type="radio"name="sale"value="true"checked>
                  否<input type="radio"name="sale"value="false"><br>
        <input type="submit"value="提交">
        <input type="reset"value="重来">
        < /form>
    </body>
< /html>
```

5.4.2.4 新建并编辑displaybook. jsp

（1）新建displaybook.jsp。

右键单击WebRoot，选择“New”→“JSP”选项，在弹出的窗口设置名字为displaybook.jsp。

（2）编辑displaybook.jsp。

displaybook.jsp的代码如下所示。

```
<%@page language="java" import="java.util.*"pageEncoding="utf-8"%>
<%
String path=request.getContextPath();
String basePath=request.getScheme()+"://"+request.getServerName()+":"+
request.getServer-Port()+path+"/";
%>
<! DOCTYPE HTML PUBLIC"-//W3C//DTD HTML 4.01 Transitional//EN">
<html>
    <head>
```

```
        <title>display Book Bean information</title>
    </head>
    <body>
        <%request.setCharacterEncoding("utf-8");%>
        <jsp:useBean class="com.zhangli.javabean.Book"id="book"scope=
"request"/>
        < jsp:setProperty name="book"property="*"/>
        ISBN:< jsp:getProperty name="book"property="isbn"/><br>
        书名：<jsp:getProperty name="book"property="name"/><br>
        作者：<% out.println(book.getAuthor()); %><br><br>
        是否售出：
        <%
          if(book.isSale()){
                out.println("是");
          }else{
              out.println("否");
          }%>
    < br>
    </body>
    </html>
```

<body>主体代码的第二行用来生成一个JavaBean对象，作用范围为request，第三行是对这个JavaBean的所有属性赋值，所以使用了property="*"，它会自动匹配方法对JavaBean的属性进行赋值，就是表单参数名和JavaBean的setter方法名的后半段（去掉set后的部分、首字母改为小写）进行匹配。这种匹配是通过使用Java反射机制来实现的，先根据表单参数名构造setter方法，再通过反射机制查找并调用JavaBean对象上的相应成员方法，如果找不到也不抛出异常。

5.4.2.5 运行输出

开启服务器，部署项目，运行测试。在地址栏输入http://localhost:8080/webproject6/book. htm，填写表单各项信息，单击“提交”按钮。

页面会跳转到displaybook.jsp对应的网址，将用户刚才的输入内容输出出来。

实例1　向数据表中插入数据的方法

大多数网站都有用户注册功能，当用户填写注册信息(表5-3)，单击“添加”按钮后，服务器将用户输入的信息添加到数据库中，如表5-4所示。

表5-3　数据的增加

请填写信息!	
用户名	yxq
性别	男
年龄	20
职务	软件设计
资金	100
添加	重置

表5-4　增加数据后的数据表

用户名	性别	年龄	职务	资金
莫明	男	22	经理	100.0
admin	女	21	会计	100.0
yxq	男	20	软件设计师	100.0
swallow	男	26	老师	100.0
雨飞	女	24	歌手	100.0
许久	男	23	员工	100.0
荣少天	男	23	经理	100.0
虚心高洁	男	23	作家	100.0
mr	男	23	总经理	100.0
寂寞流星	男	22	程序员	100.0

实现数据的增加使用了insert into语句。该语句用于向数据库中插入数据记

录，其语法格式有两种，下面分别进行介绍。

语法1:

insert into数据表名(字段1，字段2，…字段*n*) values(值1，值2,…值*n*)

语法2:

若该语句中的字段与数据表中的字段的数目和结构都相同，则可以写成下面的语句：

insert into数据表名values(值1，值2,…值*n*)

设置了增加数据的SQL语句后，还要使用Statement对象的executeUpdate()方法，通过执行该SQL语句来实现向数据表中增加记录。该方法的语法格式如下：

executeUpdate(String sql)

功能：执行SQL更新语句。

参数说明：

sql:为向数据库中增加数据的SQL语句。

设计过程如下：

（1）在DB类中定义insert()方法用于执行向数据库中插入记录的SQL语句。insert()方法的完整代码如下：

```
    …//省略建立数据库连接和获得Statement对象的代码
public int inser(String sql){
int num=-1;
if(sql=null)sql="";
try{
    stm=getStmed();
    num=stm.executeUpdate(sql);
    }catch(Exception e){e. printStackTrace();num=-1;}
    return num;
}
```

（2）创建接收Form表单数据的页面doinser.jsp，在该页面中设置了SQL语句并进行增加操作，关键代码如下：

```
<jsp:useBean id="db"class="com.jb.db.DB"/>
<html>
<head>
<title>增加数据</title>
```

```
 <link rel="stylesheet" type="text/css"href="css/style.csss">
</head>
<%
 String   mess=""
 String   username=request.getparameter("username");
…//省略了获取其他属性的代码
float  money=0;
boolean mark=true;
if(username==null||username, equals("")){
    mark=false;
    mess="<li>请输入<b>用户名! </b></li>";
}
…//省略了判断其他属性的代码
if(mark){
    try{
        age=Integer.parseInt(userage);
    }catch(Exception e){mark=false;mess+="<li>输入的<b>年龄</b>不是数字!
</li>";}
    try{
        money=Float.parseFloat(usermoney);
    }catch(Exception e){mark=false;mess+="<li>输入的<b>资金</b>不是数字!
</li>";}
}
if(mark){
    username=new String(username.getBytes("ISO-8859-1"),"gbk");
    usersex=new String(usersex.getBytes("ISO-8859-1"),"gbk");
    userjob=new String(userjob.getBytes("ISO-8859-1","gbk");
    String sql="insert into tb_user values('"+username+"','"+usersex+"',
"+age+",'"+userjob+"',"+money+")";
    int i=db.insert(sq);
    db.closed();
    if(i>0)
```

```
            response.sendRedirect("show.jsp");
        else
            mess="插入失败! ";
    }
%>
    <table>
    <tr bgcolor="lightgrey">
     <td>友情提示! </td>
    </tr>
    <tr>
     <td align="ceter"><%=mess%></td>
    </tr>
    </table>
```

在获取表单请求数据时，经常发生的问题就是中文乱码，如果页面的编码格式不统一，就会发生这样的问题。因此，在获取表单请求数据之前，首先确定页面的编码格式是否一致，如表单页的编码格式为UTF-8，那么在获取表单请求的处理页或Servlet中，也应该设置编码格式为UTF-8。

实例2　调用数据库存储过程的方法

存储过程是由存储在数据库管理系统中的一段SQL语句组成的一个过程。本实例通过向数据库中增加记录来讲解如何建立及使用存储过程，运行结果如表5-5所示。

本实例主要通过CallableStatement对象来设置语句中的参数并执行调用。CallableStatement对象是通过Connection对象的prepareCall()方法得到的，语法格式如下：

prepareCall(String sql)

功能：获得CallableStatement对象。

表5-5　填写用户信息

使用存储过程增加记录	
用户名	寂寞流星
性别	男
年龄	22
职务	程序员
资金	100
添加	重置

参数说明：

sql:表示调用存储过程的语句。

该方法将调用存储过程的对象CallableStatement 与调用语句关联起来。其中调用语句的格式为{call存储过程名(?,?,…,?)}，它是调用存储过程的通用格式。

设计过程如下：

（1）首先在数据库服务器上新建一个增加记录的存储过程，关键代码如下：

```
CREATE PROCEDURE proc_add (
@username varchar(50),@usersex varchar(2),@userage int,@userjob varchar(50),@usermoney float)
AS
insert into tb_user values(@username,@usersex,@userage,@userjob,@usermoney)
GO
```

说明：针对应用数据库的不同，其存储过程的语法结构可能存在差异，此存储过程的语法规则为SQL Server数据库中的写法。

（2）在对数据库进行操作的DB类中定义如下方法，关键代码如下：

```
…//省略了建立数据库连接和获得Statement对象的代码
public int useproc(String name,String sex,int age,String job,float money){
    int num=-1;
    String procsql="{call proc_add(?,?,?,?,?)}";            //调用存储过程
    try{
        con-getCon();
```

```
        CallableStatement stm=con.prepareCall(procsql);      //创建一个对象
        stm.setString(1,name);                     //设置调用语句中的参数
        stm.setString(2,sex);
        stm.setInt(3,age);
        stm.setString(4,job);
        stm.setFloat(5,money);
        num=stm.executeUpdate();                   //执行调用
    }
    catch(Exception e){e.printStack Trace();num=-1;}
    return num;
}
```

（3）调用存储过程向数据库中增加记录，其首页面设计的关键代码如下：

```
<form action="dorollback.jsp" name="dorollbackform">
<table>
    <tr align="center"height="25" bgcolor="lightgrey">
        <td colspan="2"align="center">数据库事务处理的方法</td>
    </tr>
    <tr>
        <td align="right">来源：</td>
        <td><input type="text" name="from"></td>
    </tr>
    <tr>
        <td align="right">转至：</td>
        <td><input type="text"name="to"></td>
    </tr>
    <tr>
        <td align="right">金额： </td>
        <td><input type="text" name="money" size="10">
            元</td>
    </tr>
    <tr align="center"bgcolor="ligtgrey">
    <td colspan="2">
```

```
            <input type="submit"name="Submit"value="转账"onclick="return
check()">
          </td>
        </tr>
      </table>
    </form>
```

（4）创建接收首页面index.jsp中Form表单的页面douseproc.jsp，关键代码如下：

```
    <%@ page import="java.sql.*"%>
    <jsp:useBean id="db"class="com.jb.db.DB"/>
    <%
        String mess="";
        String username=request.getParameter("username");
        String usersex=request.getParameter("usersex");
        String userage=request.getParameter("userage");
        String userjob=request.getParameter("userjob");
        String usermoney=request.getParameter("usermoney");
        int age=0;
        float money=0;
        boolean mark=true;
        if(username==null||usename.equals("")){
            mark=false;
            mess="<li>请输入<b>用户名! </b></li>";
        }
        ...//省略了判断其他属性的代码
        if(mark){
            try{
                age=Integer.parseInt(userage);
        }catch(Exception e){mark=false;mess+="<li>输入的<b>年龄</b>不是数字!
</li>";}
        try{
                money=Float.parseFloat(usermoney);
```

```
    }catch(Exception e){mark false;mess+="<li>输入的<b>资金</b>不是数字!
</li>";}
    }
    if(mark){
        username=new String(username.getBytes("ISO-8859-1"),"gbk");
        usersex=new String(usersex.getBytes("ISO-8859-1"),"gbk");
        userjob=new String(userjob.getBytes("ISO-8859-1"),"gbk");
        int i=db.useproc(username,usersex,age,userjob,money);
        db.closed();
        if(i<0){
            mess="操作失败! ";
        }
        else
            mess="操作成功! ";
    }
    %>
```

使用存储过程可以加快程序的执行速度，因为存储过程是预编译的，所以使用执行SQL语句的方法可节省SQL语句的编译时间。另外，还可以减少网络数据传输的信息量，因为存储过程是保留在数据库服务器中的。

第6章

EL表达式与JSTL标签库理论

表达式语言（Expression Language，EL）是JSP 2.0的一个新特性。EL可执行算术、关系、逻辑等各种运算，以简洁的方式访问各种JSP内置对象，并可轻松读取请求参数、Cookie和JavaBean属性。灵活使用EL，可大大简化JSP代码编写。JSTL（JSP Standard Tag Labrary，JSP标准标签库）用于简化JSP设计，它将一些常用的JSP脚本功能封装为标签供用户使用，使不熟悉JSP脚本（Java语言）的页面设计人员也可开发出功能强大的Web应用程序。

6.1 EL的隐含对象

为了能够获得Web应用程序中的相关数据，EL提供了11个隐含对象。这些对象类似JSP的内置对象，直接通过对象名操作。[①]在EL的隐含对象中，除

① 王占中，崔志刚.Java Web 开发实践教程[M].北京：清华大学出版社，2016.

PageContext是JavaBean对象，对应于javax.servlet.jsp.PageContest类型，其他隐含对象均对应于java.util.Map类型，这些隐含对象可以分为页面上下文对象、访问作用域范围的隐含对象和访问环境信息的隐含对象。具体说明如表6-1所示。①

表6-1 EL表达式中的隐含对象

类别	隐含对象	说明
页面上下文对象	pageContext	用于访问JSP的内置对象
访问环境信息的隐含变量	param	包含页面所有参数的名字和对应的值的集合
	paramValues	包含页面所有参数的名字和对应的多个值的集合
	header	包含每个header名和值的集合
	headerValues	包含每个header名和可能的多个值的集合
	cookie	包含每个cookie名和值的集合
	initParam	包含Servlet上下文初始参数名和对应值的集合
访问作用域范围的隐含变量	pageScope	包page（页面）范围内的属性值的集合
	requestScope	包含request（请求）范围内的属性值的集合
	sessionScope	包含session（会话）范围内的属性值的集合
	applicationScope	包含application（应用）范围内的属性值的集合

6.1.1 页面上下文对象

页面上下文对象为pageContext，用于访问JSP内置对象（如request、response、out、session、exception和page等，但不能用于获取application、config和pageContext对象）和servletContext。在获取这些内置对象后，即可获取其属性值。这些属性与对象的getXXX()方法相对应，在使用时去掉方法名中的get，并将大写字母改为小写即可。

① 宋井峰，王艳涛，程杰.JAVA WEB 开发课堂实录[M].北京：清华大学出版社，2016.

6.1.2 访问环境信息的隐含对象

在EL中提供了6个访问环境信息中的隐含对象，分别为param、paramValues、header、headerValues、cookie和initParam。

6.1.2.1 param和paramValues对象的应用

param对象用于获取请求参数的值，而如果一个参数名对应多个值时，需要使用paramValues对象获取请求参数的值。在应用param对象时，返回的结果为字符串；在应用paramValues对象时，返回的结果为数组。

例如，在JSP页面放置一个名称为user的文本框，主要代码如下。

```
<input type="text" name="user" >
```

当表单提交后，获取user文本框中的值，可以使用如下的EL表达式。

```
${param.user }
```

如果在user文本框中输入中文，那么在应用EL输出其内容之前，还需要应用request.setCharacterEncoding(“UTF-8”);语句设置请求的编码，否则会产生乱码。

在使用paramValues对象时，多用于复选框。在应用param和paramValues对象时，如果指定的参数不存在，则返回空的字符串，而不是null。

6.1.2.2 header 和 headerValues 对象的应用

header对象用于获取HTTP请求的一个具体的header值。但在有些情况下，可能存在同一个header拥有多个不同的值，这时就必须使用headerValues对象。

例如，要获取HTTP请求的header的Host属性，可以使用如下的EL表达式。

```
${header.host }<br>
```

或者是：

```
${header["host"] }<br>
```

要获得HTTP请求的header的user-agent属性，则必须使用如下EL表达式。

```
${header["user-agent"] }
```

6.1.2.3 cookie对象的应用

cookie对象用于获取Cookie对象。如果在cookie中已经设定一个名称为username的值，那么可以使用${cookie.usemame}来获取该Cookie对象。但是如果要获取该Cookie中的值，需要使用Cookie对象的value属性。

例如，使用response设置一个请求有效的Cookie对象，然后再使用EL表达式获取该Cookie对象的值，主要代码如下。

```
<%Cookie cookie = new Cookie ("username","itzcn");
response.addCookie(cookie); %>
${cookie.username.value }
```

运行上述代码，将在页面中显示"itzcn"。

6.1.2.4 initParam对象的应用

initParam对象用于获取Web应用初始化参数的值。例如，在Web应用的web.xml 文件中设置一个初始化的参数username，具体代码如下：

```
<context-param>
  <param-name>username</param-name>
  <param-value>itzcn</param-value>
</context-param>
```

用于EL表达式获取该参数的值的代码如下：

```
${initParam.username }
```

运行后，将在页面中显示"itzcn"。

6.1.3 访问作用域范围的隐含对象

在EL中提供了4个用于访问作用域范围的隐含对象，即pageScope、requestScope、sessionScope和applicationScope。应用这4个隐含对象指定要查找标示符的作用域后，系统将不再按照默认顺序（page、request、session及application）来查找相应的标示符。它们与JSP中的page、request、session及

application内置对象类似，只不过这4个隐含对象只能用来取得指定范围内的属性值，而不能取得其他相关信息。例如，JSP中的request对象除可以存取属性之外，还可以取得用户的请求参数或表头信息等。但是在EL中，它就只能单纯用来取得对应范围的属性值。

在session中储存一个属性，它的名称为username，在JSP中使用下列代码来取得 username的值。

session. getAttribute ("username")

在EL中，则是使用下列代码来取得其值的。

${sessionScope.username}

下面分别简单地介绍这4个隐含对象。

（1）pageScope：范围和JSP的Page相同，也就是单一页JSP Page的范围(Scope)。

（2）requestScope：范围和JSP的Request相同，requestScope的范围是指从一个JSP 网页请求到另一个JSP网页请求之间，随后此属性就会失效。

（3）sessionScope：范围和JSP中的session相同，它的属性范围就是用户持续在服务器连接的时间。

（4）applicationscope：范围和JSP中的application相同，它的属性范围是从服务器一开始执行服务，到服务器关闭为止。

6.2　属性范围查找

设有一个名为com. demo.Employee的JavaBeans，它有一个名为name的属性。在JSP页面中如果需要访问name属性，应使用下面代码来实现。

```
<% @ page import = "com. demo. Employee" %>
<%
  Employee employee =
        (Employee)pageContext.findAttribute("employee");
  employee.setName("Hacker");
```

```
%>
<% = employee.getName() % >
```

这里使用了 pageContext的findAttribute()查找名为employee的属性，使用JSP表达式输出name的值，但是如果找不到指定的属性，上面的代码会抛出NullPointerException异常。[①]

如果知道JavaBeans的完整名称和它的作用域，也可以使用下面JSP标准动作访问JavaBeans的属性：

```
<jsp:useBean id = "employee" class = "com.demo. Employee"
        scope = "session" />
<jsp: getProperty name = "employee" property =" name" />
```

如果使用表达式语言，就可以通过点号表示法很方便地访问JavaBeans的属性，如下所示：

```
${employee, name}
```

使用表达式语言，如果没有找到指定的属性不会抛出异常，而是返回空字符串。

6.3 JSTL标签库（Core、I18N、SQL）

6.3.1 JSTL核心标签库（Core）

6.3.1.1 表达式标签

表达式标签包括<c：out>、<c：set>、<c：remove>、<c：catch>4种，下面分别介绍。

① 沈泽刚.Java Web编程技术：微课版[M].3版.北京：清华大学出版社，2019.

（1）<c:out>标签。

<c：out>标签用来输出数据对象的内容。它有以下两种语法格式。

格式1：

```
<c:out value="value" [escapeXML="{true|false}"] default="defaultValue" />
```

格式2：

```
<c:out value= "value" [escapeXML="{true|false}"] >
  default value
</c:out>
```

其中，value属性指定要显示的内容，它可以是普通字符串，也可以是EL表达式；如果value属性的值为null，则显示default属性的内容；escapeXML表示是否要转换字符，例如，将“>”转换为>。

（2）<c:set>标签。

<c:set>标签用于设置某个作用域变量或者对象(JavaBean或Map)的属性值。它有4种语法格式，其中格式1和格式2用于设置变量的值，格式3和格式4用于设置对象的属性值，具体格式如下所示。

格式1：

```
<c:set var ="varName"value="value"[scope="{page|request|session|application} "]>
```

格式2：

```
<c:set var="varName" [scope= " {page | request | session | application} "]/>value
</c:set>
```

其中，var表示要设置内容的变量名，value表示要设置的内容，scope表示要设置内容的作用范围。

格式3：

```
<c:set target= "target" property= "perpertyName" value="value"/>
```

格式4：

```
<c:set target= "target" property= "perpertyName">
value
</c:set>
```

其中，target表示要设置内容属性的对象名，property表示要设置的属性，其他同格式1中属性相同。

（3）< c:remove> 标签。

<c：remove>标签用于从作用域中删除变量。语法格式为：

<c:remove var="varName" [scope= "page | request | session |application"] />

其中，var代表要删除的变量名，scope代表要删除变量的作用范围。

（4）<c:catch>标签。

<c:catch>标签用于处理产生错误的异常情况，并且将信息保存起来。语法格式为：

<c:catch [var="varName"]>

可能发生异常的语句

</c:catch>

其中，var用来保存异常信息。

6.3.1.2 流程控制标签

流程控制标签包括< c:if>、< c:choose>、< c:when>、< c:otherwise>4种，下面分别介绍。

（1）< c:if> 标签。

<c:if>标签用于进行条件判断。它有以下两种语法格式。

格式1:

<c: if test = " testCondition" var =" varName" [scope = " {page | request | session | application }"]/>

格式2:

<c: if test = " testcondition" var =" varName " [scope = " {page | request | session |application}"]>

body content

</c:if>

其中，属性test指定条件表达式，它可以是EL表达式；属性var指定用于保存条件表达式结果的变量；scope用于保存条件表达式结果变量名的作用域。[①]

（2）<c:choose>标签、<c:when>标签、<c:otherwise>标签。

<c:choose>标签需要和<c:when>、<c:otherwise>标签结合使用进行条件判断。

<c:choose>

---

① 李雷孝，邢红梅，王慧.Java Web开发技术[M].北京：清华大学出版社，2015.

```
<c:when test= "testCondition">body content< /c:when>
  …
<c:when test= "testCondition">body content</c:when>
<c:otherwise>
  body content
</c:otherwise>
<c:choose>
```

<c:choose>标签要作为<c:when>标签和<c: otherwise>标签的父标签使用，<c:choose>根据子标签<c:when>决定要执行哪个内容，如果没有一个条件成立，而存在<c:otherwise>子标签，则执行<c:otherwise>中标签体的内容。<c:otherwise>标签在嵌套中只允许出现一次。

6.3.1.3 循环标签

循环标签包括<c: forEach >和<c:forTokens>。

（1）< c:forEach>标签。

<c:forEach>标签用于循环控制，可以遍历变量也可以遍历集合中的元素。它有以下两种语法格式。

格式1：

```
<c:forEach [var= "varName"] [begin= "begin" end="end" step= "step"]
[varStatus="varStatusName"]>
  body content
</c:forEach>
```

格式1类似Java语言中的for循环，通过var指定循环变量、begin指定变量初值、end指定变量结束的值、step指定每次循环变量增加的步长、varStatus指定状态。

其中，varStatus有4种状态，分别是：index表示当前循环的索引值、count表示已经循环的次数、first是否为第一个位置、last是否为最后一个位置。如果指定了varStatus 属性值假如为"s"，那么在标签体中就可以通过s.index的形式来访问。

格式2：

```
<c: forEach [var="varName"] items = "collection" [varStatus = "varStatusName"]
[begin="begin" end= "end" step= "step"] >
```

```
  body content
</c:forEach>
```

格式2中的items指定要遍历的集合、var保存集合中的每个元素、begin指定循环开始的下标、end指定循环结束的下标、step指定步长、varStatus指定状态。

（2）<c:forTokens>标签。

<c:forTokens>标签用于浏览字符串中的成员，可以指定一个或者多个分隔符。语法格式如下：

```
<c: forTokens items= "stringOfTokens" delims= "delimiters"
  [var="varName"] [varStatus="varStatusName"]
  [begin="begin"] [end= "end"] [step= "step"]>
  body content
</c:forTokens>
```

标签中items属性指定要浏览的字符串，它可以是字符串常量也可以是EL表达式、delims指定分割符号、var定义一个名称，用来保存分割以后的每个子字符串，其他属性与<c:forEach>标签中相同。在标签体中可以对分割以后的子字符串进行使用。

6.3.1.4 url相关标签

JSTL中包含了4个与URL相关的标签，分别是<c: param>标签、<c: import>标签、<c: redirect>标签、<c: url>标签。

（1）< c:param>标签。

<c:param>标签用于将参数传递给所包含的文件，主要用在<c:import>、<c:url>、<c:redirect>标签中指定请求参数。它有以下两种语法格式。

格式1：

```
<c:param name= "name" value= "value"/>
```

格式2：

```
<c: param name= "name">
param value
</c:param>
```

其中，name属性指定参数名，value属性指定参数值。

（2）<c:import>标签。

<c:import>标签用于将静态或动态文件包含到JSP页面中，它与<jsp: include>的功能类似。它有以下两种语法格式。

格式1：

```
<c: import url="url" [context= "context " ] [ var= "varName "]
  [scope= "page|request|session|application"]
  [charEncoding= "charEncoding"] >
  body content
</c:import>
```

其中，属性url指定要包含资源的URL，context指定资源所在的上下文路径，var定义存储要包含文件内容的变量名，scope指定var的作用范围，charEncoding指定被包含文件的编码格式。

格式2：

```
<c:import url= "url" [context= "context"] [varReader= "varreaderName"]
  [charEncoding= "charEncoding" ] >
  body content
</c:import>
```

其中，varReader指定以Reader类型存储被包含内容的名称，其他与格式1相同。

（3）< c:redirect>标签。

<c:redirect>标签用于将客户端请求从一个JSP页面重定向到其他页面，它有以下两种语法格式。

格式1：

```
<c:redirect url= "url" [context= "context"] />
```

格式2：

```
<c: redirect url= "url" [context= "context"] >
  <c:param >子标签
</c:redirect>
```

其中，url指定重定向的地址，context指定url的上下文。可以使用<c:param>为其传递参数。该标签与HttpServletResponse的sendRedirect()的作用相同。

（4）<c:url>标签。

<c:url>标签用于生成一个URL。它有以下两种语法格式。

格式1：

```
<c:url value= "value" [context= "context"] [var= "varName"]
  [scope="page|request|session|application"]/>
```

格式2：

```
<c:url value="value" [context="context"] [var="varName"]
  [scope="page|request|session|application"]>
  <c:param name= "" value= "value"/>
</c:url>
```

其中，属性value指定一个URL，当使用相对路径引用外部资源时就用context指定上下文，var指定保存URL的名称。可以使用<c:param>标签传递属性名和值。

例如，使用<c:url value= "fortokens. jsp" var= "path1"/>的属性value构建一个URL并保存在var指定的变量path1中，之后就可以使用path1的地址。例如，在<c:redirect url="$ {path1 }"/>中使用path1中的值作为属性url的值，实现重定向的目标地址。

6.3.2 I18N标签库

I18N标签库主要包括国际化标签和格式化标签，格式化标签用于处理日期、时间和数字格式。要使用I18N标签库，需在JSP页面中使用下面的taglib指令：

```
<%@taglib uri="http://java. sun.com/jsp/jstl/fmt" prefix="fmt" %>
```

6.3.2.1 设置语言环境标签< fmt:setLocale>

<fmt:setLocale>标签用于设置格式化日期时间和数值时使用的语言环境，其语法格式如下：

```
<fmt:setLocale value="语言环境"[variant="供应商或浏览器名称"]
        [scope=" {page|request|session|application} "]/>
```

其中：

•value属性：指定语言环境，可以使用字符串或java.util.Local实例。

•variant属性：指定供应商或浏览器名称，较少使用。

•scope属性：指定语言环境设置的作用范围，默认值为page。

当value属性值为字符串时，其格式为ISO语言代码+下画线或连字符+国家/地区代码，例如，zh_CN表示汉语和中国，en_US表示英语和美国。当value属性值为java.utiLLocale实例时，variant属性被忽略。例如：

<fmt:setLocale value="zh_CN"/>

6.3.2.2 加载本地资源包标签< fmt:bundle>

<fmt:bundle>标签用于加载本地资源包，其语法格式如下：

<fmt:bundle basename="资源包名称" [prefix="前缀"]>

  嵌套代码

</fmt:bundle>

其中，basename属性指定资源包名称，prefix属性指定资源包中键的默认前缀。例如：

<fmt:bundle basename="myResources">

  …

</ftnt:bxindle>

<fmt:bundle>标签加载的资源包只能在标签体内部的嵌套代码中使用，通常使用 <fmt:message>读出资源中的数据。

JSTL使用java.utiLResourceBundle类的getBundle(String basename, java.util. Locale locale)方法搜索资源包。资源包可以是一个ResourceBundle子类，或者是一个属性资源文件。下面是一个典型的属性资源文件内容：

usemame=chinaxbg

password=123

其中，等号左边的字符串称为键，等号右边为键值。键可以加前缀，例如：

xbg.res.usemame=chinaxbg

xbg.res.password= 123

为了在访问时省略前缀，可在<fmt:bundle>标签中用prefix属性指定默认前缀。

JSTL根据给定的资源包名称和语言环境(用<fmt:setLocale>标签设置)构造资源包的本地名称，基本格式如下：

资源包名称+"_"+语言代码+"_"+国家/地区代码+供应商或浏览器名称

如果未设置语言代码、国家/地区代码或供应商或浏览器名称，则使用系统默认设置。例如：

```
<fmt:setLocale value="zh_CN"/>
<fmt:bundle basename="myResources">
  …
</fmt:bundle>
```

根据两个标签设置，资源包的本地名称为myResources_zh_CN。JSTL在搜索时，首先查找是否存在名称为myResources_zh_CN.class的ResourceBundle子类，如果存在则将其作为资源包载入。如果没有匹配的ResourceBundle子类，则进一步查看是否存在名称为myResources_zh_CN.properties的属性文件。资源包名称的前缀映射到类的包名称，或者作为属性文件去的路径（前缀中的"."均转换为"/"）。例如：

```
<fmt:setLocale value="zh_CN"/>
<fmt:bundle basename="xbg.res.myResources">
  …
</fmt:bundle>
```

资源包的前缀"xbg.res"为包名称，或者对应的属性资源文件的路径"xbg/res"。

在Web应用程序中，为了使用本地资源包，必须在contex.xml文件中配置javax.servlet.jsp. jstl.fmt.localizationContext变量。[①]例如：

```
<context-param>
  <description>我的资源文件配置</description>
  <param-name>javax.servlet.jsp.jstl.fmt.localizationContext</param-name>
  <param-value>myResources</param-value>
</context-param>
```

其中，<description>标签定义描述信息，<param-value>标签定义本地资源包名称。

---

① 夏帮贵.Java Web开发完全掌握[M].北京：中国铁道出版社，2011.

6.3.2.3　设置默认资源包标签<fmt:setBundle>

<fmt:setBundle>标签用于设置默认资源包，其语法格式如下：

<fmt:setBundle basename="资源包名称" [var="变量名称"] [scope="{page|request|session|application}"]/>

其中：

•basename属性：指定资源包名称。

•var属性：指定一个变量保存资源包。

•scope属性：指定var变量的作用范围，默认值为page。

var属性指定的变量类型为javax.servlet.jsp.jstl.fmt.localizationContext。如果指定了var变量，<fmt:setBundle>标签将资源包保存到该变量中，在指定的范围中通过变量来访问资源包数据。如果省略了var属性，资源包保存到javax.servlet.jsp.jstl.fmt.localizationContext配置变量中。

6.3.2.4　从资源包中读出指定键的键值标签<fmt:message>

<fmt:message>标签用于从资源包中读出指定键的键值，其语法格式如下：

格式1，无标签体：

<fmt:message key="键"[bundle="资源包"] [var="变量"] [scope="{page|request|session|application}"]/>

格式2，在标签体中指定参数：

<fmt:message key="键"[bundle="资源包"][var="变量"] [scope=" {page|request|session|application}"]>

<fmt:param>子标签

</fmt:message>

格式3，在标签体中指定键和参数：

<fmt:message [bundle="资源包"] [var="变量"] [scope=" {page|request|session|application}"]>

<fmt:param> 子标签

</fmt:message>

其中：

•key属性：指定要读取的键。

•bundle属性：指定资源包名称。

•var属性：指定一个变量，该变量用于保存从资源包读出的键值。省略var属性时，键值输出到JSP文档中。

•scope属性：指定var变量的作用范围，默认值为page。

例如，输出资源包中username的键值：

```
<fmt:bundle basename="myResources">
  <fmt: message key="usemame"/>
</fmt:bundle>
```

等价于：

```
<fmt: bundle basename="myResources">
  <fmt:message key="usemame" var="name"/>$ {name}
</fmt:bundle>
```

等价于：

```
<fmt:setBundle basename="myResources" var="myBundle"/>
<fmt:message key="usemame" bundle="${myBundle}"/>
```

6.3.2.5 提供参数标签<fmt:param>

<fmt:param>标签用于为<fmt:message>标签读取的键值提供参数，其语法格式如下：

格式1，用value属性指定参数值：

```
<fmt:param value="参数值"/>
```

格式2，在标签体中指定参数值：

```
<fmt:param>
  参数值
</fmt:param>
```

在键值中，可使用参数模板定义替换参数，例如：

welcome=欢迎来自{0}的{1}，现在是{2,date,long} {3,time,long}

大括号中的内容为参数模板，0、1、2、3为参数序号。对于数字、日期和时间，可在模板中定义参数格式。在<fmt:message>标签读取键值时，可使用<fmt:param>标签提供替换参数。例如：

```
<fmt:setBundle basename="myResources" var="myBundle"/>
```

```
<fmt:message key="welcome" bundle="$ {myBundle}">
  <fmt:param value="中国"/>
  <fmt:param value="张三"/>
  <fmt:param value="<%=new Date()%>"/>
  <fmt:param value="<%=new Date()%>"/>
</fmt:message>
```

6.3.2.6 提供编码字符集标签<fmt:requestEncoding>

<fmt:requestEncoding>标签用于向JSP容器提供请求（request）使用的编码字符集，其语法格式如下：

```
<fmt:requestEncoding [value="字符集名称"]/>
```

例如：

```
<fmt: requestEncoding value="GB2312"/>
```

6.3.2.7 设置时区标签<fmt:timeZone>

<fmt:timeZone>标签用于设置时区，在标签嵌套的JSP代码中使用该时区解析时间，其语法格式如下：

```
<fmt:timeZone value="时区">
  嵌套JSP代码
</fmt:timeZone>
```

其中：value属性指定时区，时区可以是字符串或java.util.TimeZone对象。如果value属性值为空或null，则使用GMT时区。

例如，下面的代码将时区设置为美国洛杉矶时区：

```
<fmt:timeZone value="America/Los_Angeles">
  …
</fmt:timeZone>
```

6.3.2.8 设置时区标签<fmt:setTimeZone>

<fmt:setTimeZone>标签用于设置时区，其语法格式如下：

<fmt:setTimeZone value="时区" [var="变量名"] [scope="{page|request|session|application}"]/>

其中：

•value属性指定时区，时区可以是字符串或java.util.TimeZone对象。如果value属性值为空或null，则使用GMT时区。

•var属性：指定保存设置的变量。如果未指定var属性，则将设置保存到Web应用程序上下文配置javax.servlet.jsp.jstl.fmt.timeZone变量中。

•scope属性：指定var变量的作用范围，默认值为page。

例如，下面的代码将时区设置保存到变量tzone中：

<fmt:timeZone value="America/Los_Angeles" var="tzone"/>

6.3.2.9 格式化日期和时间标签<fmt:formatDate>

<fmt:formatDate>标签用于按本地或自定义格式格式化日期和时间，其语法格式如下：

<fmt:formatDate value="Date对象"[type="{time|date|both}"]
[dateStyle="{default|short|medium|long|full}"]
[timeStyle="{default|short|medium|long|full}"] [pattern="自定义格式字符串"]
[timeZone="时区"] [var="变量名"] [scope="{page|request|session|application}"]/>

其中：

•value属性：指定被格式化的日期时间(java.util.Date)对象。

•type属性：指定格式化日期还是时间部分，both表示两者都被格式化，默认值为date。

•dateStyle属性：指定日期格式化样式。

•timeStyle属性：指定时间格式化样式。

•pattern属性：指定自定义格式字符串。

•timeZone属性：指定时区，可以是字符串或java.util.TimeZone对象。

•var属性：指定保存格式化结果的变量。

•scope属性：指定var变量的作用范围，默认值为page。

6.3.2.10　从字符串中解析日期和时间标签<fmt:parseDate>

<fmt:parseDate>标签用于按本地或自定义格式从字符串中解析日期和时间，其语法格式如下：

格式1，无标签体：

<fmt:parseDate value="被解析的日期时间字符串"[type="{time|date|both}"]
[dateStyle=" {default|short|medium|long|full} "] [timeStyle=" {default|short|medium|long|full}"]
[pattern="自定义格式字符串"] [timeZone="时区"][parseLocale="地区"]
[var="变量名"] [scope="{page|request|session|application}"]/>

格式2，在标签体中指定被解析的日期时间字符串：

<fmt:parseDate [type="{time|date|both}"]
[dateStyle="{default|short|medium|long|full}"] [timeStyle="{default|short|medium|long|full}"]
[pattern="自定义格式字符串"][timeZone="时区"][parseLocale="地区"]
[var="变量名"][scope="{page|request|session|application}"]>
被解析的日期时间字符串
</fmt:parseDate>

其中：

•value属性：指定被解析的字符串。

•type属性：指定格式化日期还是时间部分，both表示两者都被格式化，默认值为date。

•dateStyle属性：指定日期格式化样式。

•timeStyle属性：指定时间格式化样式。

•pattern属性：指定自定义格式字符串。

•timeZone属性：指定时区，可以是字符串或java.util.TimeZone对象。

•parseLocale属性：指定地区，可以是字符串或java.util.Locale对象。

•var属性：指定保存格式化结果的变量，变量的数据类型为java.util.Date。

•scope属性：指定var变量的作用范围，默认值为page。

<fmt:formatDate>标签是将日期时间转换为指定格式的字符串，<fmt:parseDate>正好相反，是从符合一定格式的字符串中解析得到日期时间。如果指定了 var属性，则解析结果保存在指定变量中，否则将解析结果输出到JSP文档中。

6.3.2.11 格式化数值标签<fmt:formatNumber>

<fmt:formatNumber>标签用于按本地或自定义格式格式化数值，其语法格式如下：

格式1，无标签体：

```
<fmt:formatNumber value="被格式化数值"[type="{number|currency|percent}"]
    [pattern="自定义格式"] [currencyCode="货币代码"]
    [currencySymbol="货币符号"] [groupingUsed="{true|false}"]
    [maxIntegerDigits="最大整数位数"][minIntegerDigits="最小整数位数"]
    [maxFractionDigits="最大小数位数"][minFractionDigits="最小小数位数"]
    [var="变量名"] [scope="{page|request|session|application}"]/>
```

格式2，在标签体中指定被格式化数值：

```
<fmt:formatNumber [type="{number|currency|percent}"]
    [pattern="自定是义格式"] [currencyCode="货币代码"]
    [currencySymbol="货币符号"] [groupingUsed="{true|false}"]
    [maxIntegerDigits="最大整数位数"][minIntegerDigits="最小整数位数"]
    [maxFractionDigits="最大小数位数"] [minFractionDigits="最小小数位数"]
    [var="变量名"] [scope="{page|request|session|application}"]/>
   被格式化数值
</fmt:formatNumber>
```

其中：

•value属性：指定被格式化的数值。

•type属性：指定格式类型。number表示数值，currency表示货币，percent表示百分比。

•pattern属性：指定自定义格式，格式语法符合java.text.DecimalFormat类定义。

•currencyCode属性：指定货币代码。

•currencySymbol属性：指定货币符号。

•gnnipingUsed属性：指定格式结果中是否包含分组分隔符。

•maxIntegerDigits属性：指定结果中最大整数位数。

•minlntegerDigits属性：指定结果中最小整数位数。

•maxFractionDigits属性：指定结果中最大小数位数。

•minFractionDigits属性：指定结果中最小小数位数。

•var属性：指定保存结果的变量。省略var属性时，格式结果输出到JSP文档。

•scope属性：指定var变量的作用范围，默认值为page。

6.3.2.12　从字符串中解析数值标签<fmt:parseNumber>

<fmt:parseNumber>标签用于从符合本地或指定格式的字符串中解析数值，其语法格式如下：

格式1，无标签体：

```
<fmt:parseNumber vahie="数值字符串" [type="{number|currency|percent}"]
  [pattern="自定义格式"] [parseLocale="地区代码"][integerOnly="{true|fhlse}"]
  [var="变量名"] [scope="{page|request|session|application}"]/>
```

格式2，在标签体中指定被解析字符串：

```
<fmt:parseNumber [type="{number|currency|percent}"]
    [pattern="自定义格式"][parseLocale="地区代码"][integerOnly="{true|false}"]
    [var="变量名"] [scope="{page|request|session|application}"]>
  数值字符串
</fmt:parseNumber>
```

其中：

•value属性：指定被解析的数值字符串。

•type属性：指定解析的格式类型。number表示数值，currency表示货币，percent表示百分比。

•pattern属性：指定自定义格式，格式语法符合java.text.NumberFormat类定义。

•parseLocale属性：指定按指定地区的语言和格式习惯解析数值，属性值可以是字符串或java.util.Locale对象。

•integerOnly属性：指定是否只解析数值的整数部分。

•var属性：指定保存解析结果的变量。

•scope属性：指定var变量的作用范围，默认值为page。

6.3.3 SQL标签库

SQL标签库提供在JSP页面中完成关系数据库访问的标签，用于实现数据库的查询、添加、修改、删除和事务管理等功能。要使用SQL标签库，需在JSP页面中使用下面的taglib指令：

<%@taglib uri="http://java.sun.com/jsp/jstl/sql" prefix="sql"%>

SQL标签库提供<sql:setDataSource>、<sql:query>、<sql:param>、<sql:dateParam>、<sql:update>和<sql:transaction>等 6 个标签。

6.3.3.1 数据源标签 <sql:setDataSource>

<sql:setDataSource>标签用于要访问的数据源，其语法格式如下：

<sql:setDataSource dataSource="数据源"| url="数据源 Url"
  [driver="驱动程序类"][user="用户名"][password="口令"]
  [var="变量名"][scope="{page|request|session|application}"]/>

其中：

•dataSource属性：用字符串或javax.sql.DataSource对象设置数据源。必须用dataSource属性或url属性指定数据源。

•url属性：指定数据源的URL。

•driver属性：指定JDBC驱动程序类的名称。

•user属性：指定访问数据源使用的用户名。

•password属性：指定访问数据源使用的口令。

•var属性：指定保存数据源设置的变量，使用该变量获得数据源设置。省略var属性时，设置保存到Web应用程序的javax.servlet.jsp.jstl.sql.dataSource上下文参数中。

•scope属性：指定var变量的作用范围，默认值为page。

dataSource属性可以使用DataSource对象、JNDI路径或JDBC参数字符串设置，最简单的方式是使用JDBC参数字符串。JDBC参数字符串格式如下：

数据源URL，JDBC驱动程序类名，用户名，口令

例如，下面的代码使用JDBC参数字符串设置数据源：

<sql:setDataSource dataSource="jdbc:mysql://localhost:3306/AdminDB,com.

mysql.jdbc.Driver,root,root" var="ds"/>

也可使用url、driver、user和password四个属性指定数据源，例如：

```
<sql:setDataSource url="jdbc:mysql://localhost:3306/AdminDB"
  driver="com.mysql.jdbc.Driver" user="root" password="root" var="ds"/>
```

6.3.3.2　执行查询标签<sql:query>

<sql:query>标签用于执行查询，从数据源检索数据，其语法格式如下：

格式1，无标签体：

```
<sql:query sql="SQL 查询命令" var="变量名" [scope=" {page|request|session|application}"]
    [dataSource="数据源"][maxRows="最大行数"][startRow="开始行行号"]/>
```

格式2，在标签体中指定查询参数：

```
<sql:query sql="SQL 查询命令" var="变量名" [scope=" {page|request|session|application}"]
        [dataSource="数据源"][maxRows="最大行数"][startRow="开始行行号"]>
  <sql:param> 标签
</sql:query>
```

格式3，在标签体中指定SQL查询命令和查询参数：

```
<sql:query var="变量名" [scope="{page|request|session|application}"]
    [dataSource="数据源"][maxRows="最大行数"] [startRow="开始行行号"]>
  SQL查询命令
  <sql:param >标签
</sql:query>
```

其中：

•sql属性：指定要执行的SQL查询命令。

•dataSource属性：指定访问的数据源。

•maxRows属性：指定包含在查询结果中的记录行数。如果未设置或设置为-1，则不限制查询结果中的记录行数。

•startRow属性：指定查询结果中当前行的序号。如果未设置，则从0(第1条记录)开始。

•var属性：指定保存查询结果的变量，其类型为javax.servlet.jsp.jstl.sql.Result。

•scope属性：指定var变量的作用范围，默认值为page。

例如：

```
<sql:setDataSource url="jdbc:mysql://localhost:3306/AdminDB"
            driver="com.mysql.jdbc.Driver" user="root" password="root"
var="ds"/>
<sql:query sql="select * from adminlist" var="rs" dataSource="$(ds)"/>
```

或者：

```
<sql: setDataSource url="jdbc:mysql://localhost:3306/AdminDB"
            driver="com.mysql.jdbc.Driver" user="root" password="root"
var="ds"/>
<sql:query var="rs" dataSource="${ds}"/>
 select * from adminlist
</sql:query >
```

在EL表达式中，可使用下面的属性访问查询结果：

•columnNames：返回查询结果集中列名称的字符串数组。例如，下面的代码输出查询结果中的列名作为表头：

```
<table border="1">
  <thead>
    <tr>
      <c:forEach var="ch" items="${rs.columnNames}">
        <th>${ch}</th>
      </c:forEach>
    </tr>
  </thead>
  ……
</table>
```

• rowCount：返回查询结果集中行的数目。例如：

查询结果包含${rs.rowCount}条记录

• rows：返回包含查询结果的SortedMap数组。每个SortedMap对象对应一条记录，并以列名称作为键，列数据作为键的值。例如，下面的代码以表格的形式输出查询结果：

```
<table>
  <c:forEach var="row" items="${rs.rows}">
    <tr>
      <td>$ {row.usemame} </td>
      <td>$ {row.password} </td>
      <td>$ {row.edittime} </td>
    </tr>
  </c:forEach>
</table>
```

• rowsByIndex：返回包含查询结果的二维数组，数组第一维对应行，第二维对应列。例如，下面的代码以表格的形式输出查询结果：

```
<table>
  <c:forEach var="row" items="$ {rs.rowsBylndex }">
    <tr>
      <td>$ {row[0]} </td>
      <td>$ {row[l]} </td>
      <td>$ {row[3]} </td>
    </tr>
  </c:forEach>
</table>
```

• limitedByMaxRows：返回查询是否受最大行数设置的限制。

6.3.3.3　指定查询参数值标签<sql:param>

<sql:param>标签用于指定查询参数的值，其语法格式如下：

格式1，使用value属性设置查询参数值：

```
<sql:param value="查询参数值"/>
```

格式2，在标签体中设置查询参数值：

```
<sql:param>
```

```
查询参数值
</sql:param>
```

查询参数在SQL查询命令中用"？"表示。例如，下面的代码查询用户admin的登录口令：

```
<sql:query var="rs" dataSource="$ {ds}">
  select password from adminlist where username = ?
  <sql:param value="Admin"/>
</sql:query>
```

如果有多个查询参数，则使用多个<sql:param>标签依次设置各个查询参数值。[①]

6.3.3.4 设置日期和时间值标签<sql:dateParam>

<sql:dateParam>标签与<sql:param>标签用法类似，只是<sql:dateParam>标签用于设置日期和时间值，其语法格式如下：

```
<sql:dateParam value="查询参数值"[type="{timestamp|time|date}"]/>
```

其中：value属性指定查询参数值，其类型为java.util.Date。type属性指定将查询参数值转换为timestamp (java.sql.Timestamp)、time (java.sql.Time)或 date (java.sql.Date)类型，默认值为timestamp。

例如：

```
<fmt:parseDate value="2009年12月27日" type="date" dateStyle="long" var="theDate"/>
<sql:query var="rs" dataSource="${ds}">
  select * from adminlist where edittime > ?
  <sql:dateParam value="${theDate}"/>
</sql:query>
```

① 夏帮贵.Java Web开发完全掌握[M].北京：中国铁道出版社，2011.

6.3.3.5　执行SQL更新命令标签<sql:update>

<sql:update>标签用于执行INSERT、UPDATE和DELETE等SQL更新命令，其语法格式如下：

格式1，无标签体：

```
<sql:update sql="SQL 更新命令"[dataSource="数据源"][var="变量名"]
  [scope="{page|request|session|application }"]/>
```

格式2，在标签体中指定参数：

```
<sql:update sql="SQL 更新命令" [dataSource="数据源"][var="变量名"]
    [scope="{page|request|session|application}"]>
  <sql:param>标签
</sql:update>
```

格式3，在标签体中指定SQL更新命令和参数：

```
<sql:update [dataSource="数据源"][var="变量名"] [scope="{page|request|session|application}"]/>
  SQL更新命令
  可选<sql:param>标签
</sql:update>
```

其中：

•sql属性：指定INSERT、UPDATE和DELETE等SQL更新命令。

•dataSource属性：指定数据源。

•var属性：指定保存SQL更新命令返回结果的变量，返回结果表示SQL更新命令所影响的行数。

•scope属性：指定var变量的作用范围，默认值为page。

例如，下面的代码为adminlist表添加一条记录：

```
<sql:update dataSource="${ds}">
  insert adminlist(usemame,password) values(?,?)
  <sql:param>Terry</sql:param>
  <sql:param>111111</sql:param>
</sql:update>
```

因为adminlist表的edittime字段指定了默认值，所以这里不需要提供字段值。例如，下面的代码将用户Terry的口令修改为123456：

```
<sql:update dataSource="$ {ds}">
  update adminlist set password = "123456" where usemame="Terry"
</sql:update>
```

例如，下面的代码删除用户Terry的记录：

```
<sql: update dataSource="${ds}">
  delete from adminlist where usemame="Terry"
</sql:update>
```

6.3.3.6 将子标签作为事务执行的标签<sql:transaction>

<sql:transaction>标签用于将标签体内的<sql:query>和<sql:update>子标签作为事务执行，其语法格式如下：

```
<sql:transaction [dataSource="数据源"] [isolation=隔离级别]>
  <sql: query>和 <sql: update> 子标签
</sql:transaction>
```

其中，isolationLevel属性指定事务的隔离级别，取值为serializable、read_committed、read_uncommitted或repeatable_read。隔离级别与事务禁止操作的关系如表6-2所示。

表6-2 隔离级别与事务禁止操作的关系

隔离级别	禁止脏读	禁止不可重复读	禁止虚读
read_committed	否	否	否
read_uncommitted	是	否	否
repeatable_read	是	是	否
serializable	是	是	是

脏读（dirty read）指被某一事务修改的行在提交之前被另一个事务读取。若事务回滚，则第二个事务读取的是无效的行。不可重复读(non_repeatable read)指一个事务读取了一行数据后，另一个事务修改了该行，当第一个事务再次读取该行时，得到不同的数据。虚读（phantom read）指一个事务读取了满足条件的行后，另一个事务插入了满足条件的行，当第一个事务再次读取满足条件的行时，

得到不同的数据。

在<sql:transaction>标签体内，<sql:query>和<sql:update>子标签不能指定dataSource属性，即使用<sql:transaction>标签指定的数据源。

<sql:transaction>标签体内的所有<sql:query>和<sql:update>子标签作为一个执行单位，当后继操作中出现错误时，前面已完成的操作被回滚(rollback)，即将数据库恢复到事务执行前的状态。

例如，下面的代码在事务中完成记录的添加和修改：

```
<sql:transaction dataSource="$ {ds}">
  <sql:update>
    insert adminlist(usemame,password) values("guest"," 12345")
  </sql:update>
  <sql:update>
    update adminlist set password=?,username= ? where usemame="guest"
    <sql:param>123</sql:param>
    <sql:param>Jake</sql:param>
  </sql:update>
</sql:transaction>
```

4. 事务处理标签

在<sql:transaction>标签体中，<sql:query>和<sql:update>标签都不能再指定dataSource属性，因为<sql:transaction>标签已经指定了数据源。

<sql:transaction>标签中的<sql:query>和<sql:update>标签作为一个事务来执行，要么全部成功，要么全部失败，如果有错误发生，就回滚(rollback)，使得数据库恢复到原来的状态。

例如，下面的代码演示了事务标签的使用方法：

```
<sql:transaction dataSource="${ds}">
    <sql:update>
        insert into user(username,password) values('tom','1234')
    </sql:update>
    <sql:update>
        update user set password=? where username=?
            <sql:param>12</sql:param>
            <sql:param>tom</sql:param>
    </sql:update>
</sql:transaction>
```

第7章

数据库访问JDBC技术

JDBC（Java DataBase Connectivity），即Java数据库连接技术，它是将Java与SQL结合且独立于特定的数据库系统的应用程序编程接口（API，它是一种可用于执行SQL语句的JavaAPI，即由一组用Java语言编写的类与接口所组成）。有了JDBC可以使Java程序员用Java语言来编写完整的数据库方面的应用程序。另外，也可以操作保存在多种不同的数据库管理系统中的数据，而与数据库管理系统中数据存储格式无关。同时Java语言具有与平台无关性，不必在不同的系统平台下编写不同的数据库应用程序。

7.1　JDBC概述

JDBC是Java Data Base Connectivity的简称，又称Java数据库连接，是一种用于执行SQL语句的Java API，可以为多种关系数据库提供统一访问，它由一组用Java语言编写的类和接口组成。

7.1.1 JDBC驱动

JDBC驱动是实现JDBC类和接口方法的类集合，数据库驱动程序中必须实现在JDBCAPI中定义的抽象类，尤其是对java.sql.Connection、java.sql.Prepared-Statement、java.sql.CallableStatement和java.sql.ResultSet、java.sql.Driver用于通用的java.sql.DriverManager类，使其在对一个指定的数据库URL访问时，可以查找相应的驱动程序。

JDBC驱动有4种类型：JDBC-ODBC桥、本地API部分Java驱动、网络协议完全Java驱动和本地协议完全Java驱动。

（1）JDBC-ODBC桥。利用了现有的ODBC，将JDBC调用转换为ODBC的调用，此类型的驱动使Java应用可以访问所有支持ODBC的DBMS。

（2）本地API部分Java驱动。将JDBC调用转换成对特定DBMS客户端API的调用。

（3）网络协议完全Java驱动（Net protocol Java Driver）。此类型的驱动将JDBC的调用转换为独立于任何DBMS的网络协议命令，并发送给一个网络服务器中的数据库中间件，该中间件进一步将网络协议命令转换成某种DBMS所能理解的操作命令。

（4）本地协议完全Java驱动（Native protocol Fully Driver）。此类型的驱动直接将JDBC的调用转换为特定的DBMS所使用的网络协议命令，并且完全由Java语言实现，平台独立，但其缺陷是不同的数据库需要下载不同的驱动程序。其允许一个客户端程序直接调用DBMS服务器，在网络环境下，此方法经常被使用，此驱动是通过数据库厂商提供的一个jar包来完成的。

7.1.2 JDBC设计的目的

JDBC是一种规范，设计出它的最主要的目的是让各个数据库开发商为Java程序员提供标准的数据库访问类和接口，使得独立于DBMS的Java应用程序的开发成为可能（数据库改变，驱动程序跟着改变，但应用程序不变）。

微软的ODBC是用C编写的，而且只适用于Windows平台，无法实现跨平台地操作数据库。SQL语言尽管包含有数据定义、数据操作、数据管理等功能，但它并不是一个完整的编程语言，而且不支持流控制，需要与其他编程语言相配合使用。

JDBC的设计是由于Java语言具有健壮性、安全、易使用并自动下载到网络等方面的优点，因此如果采用Java语言来连接数据库，将能克服ODBC局限于某一系统平台的缺陷。将SQL语言与Java语言相互结合起来，可以实现连接不同数据库系统，即使用JDBC可以很容易地把SQL语句传送到任何关系型数据库中。

7.1.3 JDBC编程

（1）引用必要的包。import java.sql.*;//它包含操作数据库的各个类与接口。

（2）加载连接数据库的驱动程序。

为实现与特定的数据库相连接，JDBC必须加载相应的驱动程序类。这通常可以采用Class.forName()方法显式地加载一个驱动程序类，由驱动程序负责向DriverManager登记注册并在与数据库相连接时，DriverManager将使用此驱动程序。

各种数据库的驱动程序名称各有不同，例如：

com. microsoft.jdbc.sqlserver.SQLServerDriver//SQL Server 2000驱动类名

com. microsoft.sqlserver.jdbc.SQLServerDriver//SQL Server 2007驱动类名

oracle.jdbc.driver. OracleDriver//Oracle驱动类名

com.mysql.jdbc. Driver//MySql驱动类名

加载SQL Server 2007驱动程序示例如下：

Class. forName("com.microsoft. sqlserver.jdbc.SQLServerDriver");

（3）创建与数据源的连接。

①首先要指明数据源，JDBC技术中使用数据库URL来标识目标数据库。

数据库URL格式：jdbc:<子协议名>:<子名称>，其中jdbc为协议名，确定不变，<子协议名>指定目标数据库的种类和具体连接方式；<子名称>指定具体的数据库/数据源连接信息（如数据库服务器的IP地址/通信端口号、ODBC数据源名称、连接用户名/密码等），子名称的格式和内容随子协议的不同而改变。

各种数据库的URL有所不同，例如：

jdbc::microsoft:sqlserver://127.0.0.1:733;DatabaseName = pubs

//SQL Server 2000 URL

jdbc:sqlserver://localhost:733;DatabaseName=zhangli//SQLServer2007 URL.

jdbc:oracle; thin; @166.111.78.98:1721:ora9//Oracle URL

jdbc:mysq1://127.0.0.1/DatabaseName = studentcs//MySql URL

②创建与数据源的连接。

调用DriverManager类提供的getConnection函数来获取连接。

下面演示创建到本机的名为zhangli的SQLServer2007数据库的连接：

String url = "jdbc: sqlserver://localhost: 733;DatabaseName = zhangli";

String username= "root";//用户名

String password = "zhangli";//密码

Connection conn =DriverManager.getConnection(url,username,password);

（4）执行SQL语句，对数据库进行增、删、改、查等操作。

第一种方法：使用Statement对象来执行SQL操作。

步骤一：要执行一个SQL查询语句，必须首先创建出Statement对象，它封装代表要执行的SQL语句，并执行SQL语句以返回一个ResultSet对象，这可以通过Connection类中的createStatement()方法来实现。如：

Statement stmt = conn.createStatement();

步骤二：调用Statement提供的executeQuery()、executeUpdate()或execute()来执行SQL语句。具体使用哪一个方法由SQL语句本身来决定。

executeQuery方法用于产生单个结果集的语句，例如select语句等，如：

ResultSet rs = stmt.executeQuery("select from stu");

executeUpdate方法用于执行INSERT、UPDATE或DELETE语句以及SQL DDL（数据定义语言）语句，例如CREATE TABLE和DROP TABLE。INSERT. UPDATE或DELETE语句的效果是修改表中零行或多行中的一列或多列。executeUpdate 的返回值是一个整数，指示受影响的行数（即更新计数）。对于CREATE TABLE或DROP TABLE等不操作行的语句，executeUpdate的返回值总为零。

execute方法用于执行返回多个结果集、多个更新计数或二者组合的语句。一般不会需要该高级功能。

注意：一个Statement对象在同一时间只能打开一个结果集，对第二个结果集的打开隐含着对第一个结果集的关闭；如果想对多个结果集同时操作，必须创建出多个Statement对象，在每个Statement对象上执行SQL查询语句以获得相应的结果集；如果不需要同时处理多个结果集，则可以在一个Statcmcnt对象上顺序执行多个SQL查询语句，对获得的结果集进行顺序操作。

第二种方法：使用PreparedStatement对象来执行SQL操作。

由于Statement对象在每次执行SQL语句时都将该语句传给数据库，如果需要多次执行同一条SQL语句，这样将导致执行效率特别低，此时可以采用PreparedStatement对象来封装SQL语句。

PreparedStatement对象的功能是对SQL语句做预编译，而且PreparedStatement对象的SQL语句还可以接收参数。

步骤一：通过Connection对象的prepareStatement方法创建一个PreparedStatement对象，在创建时可以给出预编译的SQL语句，例如：

```
String sq1="insert into table1(id,name)values(47,zhangli)";
PreparedStatement pstmt = null;
pstmt = conn. prepareStatement(sql);
```

步骤二：执行SQL语句，可以调用executeQuery()或者executeUpdate()来实现，但与Statement方式不同的是，它没有参数，因为在创建PreparedStatement对象时已经给出了要执行的SQL语句，系统并进行了预编译。

```
int n= pstmt.executeUpdate();
```

（5）获得SQL语句执行的结果。executeUpdate的返回值是一个整数，而executeQuery的返回值是一个结果集，它包含所有的查询结果。但对ResultSet类的对象方式依赖于光标（Cursor）的类型，而对每一行中的各个列，可以按任何顺序进行处理（当然，如果按从左到右的顺序对各列进行处理可以获得较高的执行效率）。

ResultSet对象维持一个指向当前行的指针，利用ResultSet类的next()方法可以移动到下一行（在JDBC中，Java程序一次只能看到一行数据），如果next()的返回值为false，则说明已到记录集的尾部。另外，JDBC也没有类似ODBC的书签功能的方法。

利用ResultSet类的getXXX()方法可以获得某一列的结果，其中XXX代表JDBC中的Java数据类型，如getInt()、getString()、getDate()等。访问时需要指定要检索的列，可以采用int值作为列号（从1开始计数）或指定列（字段）名方式，但字段名不区别字母的大小写。

```
while(rs. next())
{ String name= rs. getString("Name");
int age= rs. getInt("age");
float wage= rs. getFloat("wage");//采用“列名”的方式访问数据
String homeAddress = rs. getString(4); //采用“列号”的方式访问数据
}
```

要点：利用ResultSet类的getXXX()方法可以实现将ResultSet中的SQL数据类型转换为它所返回的Java数据类型；在每一行内，可按任何次序获取列值。但为了保证可移植性，应该从左至右获取列值，并且一次性地读取列值。

（6）关闭查询语句及与数据库的连接。注意关闭的顺序：先rs再stmt最后为con，一般可以在finally语句中实现关闭。

```
rs.close();
stmt.close();//或者pstmt.close();
con.close();
```

7.2 JDBC连接数据库

7.2.1 JDBC常用的类、接口

JDBC进行数据库开发的接口主要在如下两个包中：

①java. sql：JDBC主要功能在Java 2平台标准版（J2SE）；

②javax. sql：拓展功能在Java 2平台企业版（J2EE）。

JDBC常用的类和接口方法如下。

（1）java. sql（J2SE）包常用的类、接口方法如表7-1所示。

表7-1　java.sql包中常用的类、接口方法

序号	类、接口方法名称	说明
1	Driver	驱动，用来连接数据库
2	DriverManager	驱动管理，从驱动列表中找到合适的驱动去连接数据库
3	Connection	数据库的连接是其他数据操作对象的基础
4	Statement，PreparedStatement	向数据库发送SQL语句
5	CallableStaterment	调用数据库中的存储过程
6	ResultSet	获取SQL查询语句的结果集

上述表中的DriverManager类是数据库驱动管理，它的主要功能是获取数据库的连接，其常用的连接数据库的方法如表7-2所示。

表7-2　连接数据库的方法

返回类型	方法名	作用
static Connection	getConnection(String url)	与给定的服务器数据库URL建立连接
static Connection	getConnection (String url, Properties info)	与给定的服务器数据库URL建立连接，数据库用户名、密码可以通过类Properties的属性设置
static Connection	getConnection(String url,String username,String password)	与给定的服务器数据库URL建立连接，给定数据库用户名、密码

（2）javax. sql（J2EE）包常用的类、接口方法如表7-3所示。

表7-3　javax. sql（J2EE）包中常用的类、接口方法

序号	类、接口方法名称	说明
1	DatabaseMetaData	数据库的元数据，包含数据库的版本号、名称、含有的表、用户等
2	ResultSetMetaData	查看查询结果集的一些信息，包含列数、每个列的类型等

此外，还有TYPE，实现Java语言的数据类型与数据库的数据类型之间的映射。

7.2.2 JDBC连接创建

（1）使用JDBC-ODBC进行桥连步骤如下。

①配置数据源：控制面板→管理工具→ODBC数据源→系统DSN。

②编程，通过桥连方式与数据库建立连接。

Class. forName("sun. jdbe. odbe. JdbcOdbeDriver");//JDBC-ODBC桥驱动类的完全限定类名

Connection con = DriverManager. getConnection("jdbe;odbe;tw","tt","t2");//数据源名称

（2）本地协议完全Java驱动连接建立。本地协议完全Java驱动把JDBC调用转换为符合数据库系统规范的请求，即直接转为DBMS所使用的网络协议，完全由Java实现，其连接步骤如下。

首先，下载数据库厂商提供的驱动程序包（本例以MySQL数据库为例，MySQL数据库驱动目前为mysql-connector-java-5. x-bin.jar），然后将驱动程序包加入到工程目录。

通过完全Java驱动方式与数据库建立连接的方式如下所示。

Class. forName("com. mysql. jdboc. Driver"); //或 Class. forName("org. gjt. mm. mysql. Driver");

String url = jdbe: mysql://IP:3306/test; //IP为数据库IP地址，如本机是localhost，test为数据库名

//jdbc:mysql://[<IP/Hlost>][<PORT>]/<DB>

Connection connection = DriverManager. getConnection("jdbe:mysql://IP:3306/test"," root.","wjj");

不同类型数据连接URL不同，常用的数据库连接URL如下所示。

①SQLServer数据库连接：

Connect ion connection = DriverManager. getConnection(" jdbc: microsoft: sqlserver://IP: 1433;DatabaseName= test","wjj","123");

②Oracle数据库连接：

Conmection connection = DriverManager. geConetion("jabc:oracle:thin:@at IP:1521:tst","oo.","123");

或Conmection connectiton=Driverlanager. gtConnetion("iabc:oracle,oci:@

IP:1521:test,root","123");

③WeblogicMS-SQL数据库连接：

Connection connect ion – Dr iverManager. getConnection(" jdbc: weblogict mssqlserver4 : test@//IP:port","wjj","123");

7.2.3 JDBC访问数据库

在进行JDBC访问数据库操作前，如果采用上述的完全Java方式访问数据库，需要提前加载数据库厂商的驱动jar包，JDBC访问操作数据库共6个步骤，本书以MySQL数据库为例，其步骤如下所示。

（1）注册驱动。

Class. forName("com. mysql. jdbc. Driver");//注意有可能抛出异常，需异常处理.

（2）利用DriverManager获取一个数据库连接。

String url ="jdbc:mysql ://IP:3306/test";

String user="wjj";

String password= "123" :

Connection con = DriverManager. getConnection(url,user,password);

（3）获取各种Statement。

Statement sta = con. createStatement();

PreparedStatement ps = con. prepareStatement(sql);

CallableStatement cs= con. prepareCall(sql pl); //sql pl:{call PL NAME(??)}

（4）可执行相应的SQL

①查询操作：

sta. executeQuery(sql); ps. executeQuery();

cs. registerOutParameter(index,Types);

cs. getXXTypes(index);

②非查询的操作：

sta. execute(sql);

ps. execute();

```
sta. executeUpdate(sql);
ps. executeUpdate();
cs. execute();
```

（5）处理ResultSet。

```
ResultSet rs = ps. executeQuery();
while(rs. next()){Types var = rs. getTypes(columnIndex|colunnName);
```

（6）关闭打开的资源。

```
sta. close();
connect ion. close();
```

7.3 使用连接池

7.3.1 连接池机制

Web应用程序要获取对数据库的一次连接，需要将用户名和密码等信息发送到数据库系统中去。数据库需要验证用户名和密码，应用程序和数据库系统处在不同的端口，甚至不同的主机上，这中间必然需要进行若干次网络协议通信（也就是socket通信）。另外数据库也需要做一些分配缓存资源之类的操作，因此应用程序的一次数据库连接将耗费不少资源。在大多数实际情况中，对数据库的频繁连接和关闭不仅造成了资源的浪费，获取连接所消耗的时间也成为系统性能的瓶颈。

为了对这种情况进行优化，改善数据库连接的性能，可以使用连接池机制。数据库连接池负责分配、管理和释放数据库连接，它允许应用程序重复使用一个现有的数据库连接，而不是再重新建立一个。

数据库连接池的原理可以这样理解，在系统中同时维护多个相同的连接对象，它们都已连接了数据库。当应用要访问数据库时，可以从这些连接对象中分配一个空闲的，并和应用关联。而当应用希望断开连接时，连接和应用取消关联，但是并不断开连接对象和数据库的连接，只是将其归还给系统。这样就可以分时共享若干个连接对象，系统维护这些连接对象的中间组件就是连接池。

JDBC连接池提供了对所支持的数据库连接的高效管理，数据库连接可以缓存在中间层中，从而当一个用户发来连接请求时，该用户能立即使用一个连接，而不再需要花时间去创建并初始化一个连接，这个过程形象地称为borrow。当用户使用完连接后，不再去关闭连接，而是将连接交还给连接池，这个过程可以称为return，这样连接就可以被循环利用。

此外，还可以通过设定连接池的最大连接数来防止系统无休止的与数据库连接，连接池的工作原理示意图如图7-1所示。

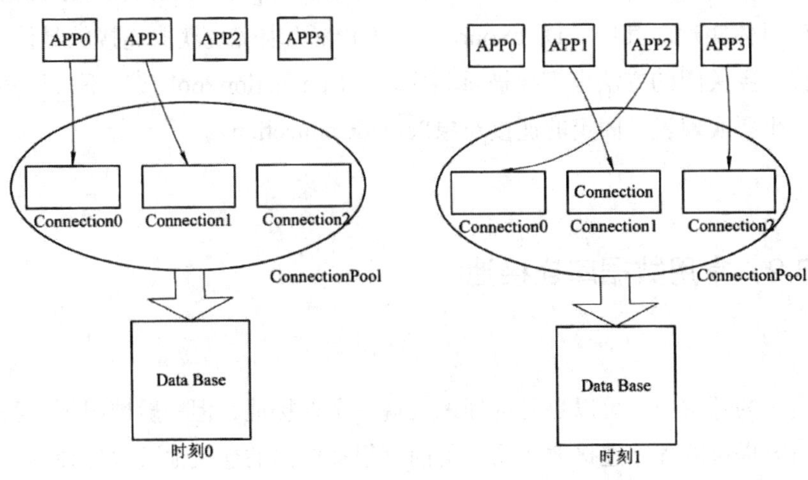

图7-1 JDBC 连接池工作原理示意图

上图展示了连接池的工作过程，连接池一直维护着若干个连接（图中是三个），它们在服务器启动时创建。连接池管理所有连接对象，当客户请求连接时将分配连接，在客户断开连接时这些连接将被放回到连接池中。

在时刻0，APP0和APP1分别通过Connection0对象和Connection1对象连接到数据库；而在时刻1，APP0已经断开了连接，此时Connection0为APP2提供数据库连接，APP3则接入了Connection2。

系统在对连接池进行管理时，需要考虑分配、释放策略和配置策略。

（1）分配、释放策略。当用户请求某一数据库的连接时，首先看连接池中是否有空闲连接，如果没有空闲连接，在已经分配出的连接中，寻找一个合适的连接给用户使用，这时该连接在多个用户间复用。例如：可以选择一个引用计数（Reference Counting）最小的一个连接。用户在使用完数据库连接后，应将其释放，如该连接在没有使用者的情况下，则会被放入连接池中。

（2）配置策略。一般情况下，在配置数据库连接池时，需要考虑初始连接池的连接数目和连接池的最大连接数目。

连接池对用户应用应该是透明的，应用开发人员只需要通过DriverManager类的getConnection()方法获取连接即可，至于这个连接是否使用了连接池，不由应用开发人员考虑。一般而言，通过DriverManager直接获取的连接没有使用连接池机制，而服务器提供的数据源DataSource实例则自动实现了连接池机制。

服务器可以通过javax.sql.DataSource或者javax.sql.ConnectionPool 接口封装连接池的具体实现。其中，DataSource 接口单纯要求实现获取连接的具体操作，不过连接对象关闭的方法也需要被重新实现。ConnectionPool 接口不仅要实现连接操作，也要实现表示固定的连接对象PooledConnection。

7.3.2 常用数据库连接池

在实际的开发中，可以自己选择来实现一个连接池，但一般情况下，我们会选择第三方提供的程序连接池产品，目前有很多成熟的连接池可以选择。

（1）DBCP连接池。DBCP连接池是依赖Jakartacommonspool对象池机制的数据库连接池。在Tomcat中已经集成了DBCP连接池，而且还可以对数据库的连接进行跟踪。可以检测并回收没有被正确释放的数据库资源。在本书中采用Tomcat作为JSP的服务器，可以直接在JSP中使用DBCP连接池的功能。

（2）C3P0连接池。C3P0连接池是开放源代码的JDBC连接池，在Hibernate中自带的数据库连接池就是C3P0，它在lib目录中与Hibernate一起发布，包括了实现jdbe3和jdbc2扩展规范说明的Connection与Statement池的DataSource对象。

（3）Proxool连接池。Proxool连接池是一个JavaSQLDriver的驱动程序，提供了对其他类型驱动程序的连接池封装，而且Proxool可以非常简单地移植到现存的代码中，它的配置方法非常简单，可以透明地为现存的JDBC驱动程序增加连接池功能。

上面这些连接池的实现都可以非常方便地调用，在本章中将采用DBCP实现连接池的功能。

7.3.3　在Tomcat中配置DBCP数据库连接池

（1）修改context.xml。在Tomcat的安装目录下，找到conf/context.xml文件，修改此文件，具体修改方法是在</context>上面加入DBCP连接池的相关设置：

<Resource name= "jdbc/mysql" auth="Container" type="Javax.sql.DataSource" maxIdle="30" maxWait="10000"maxActive="10" usernarne="root" passyord="123456" driverClassName="com.mysql.Jdbc. Driver" url="jdbc :mysql://localhost:3306/zhangli"/>

</Context>

进行完以上设置后，在Tomcat启动的时候，会自动到这个目录文件中搜索配置信息。如果有报关于数据源错误的话，一般都是因为此段代码有问题，需认真检查核对。在以上代码中有一些属性或值需要进行说明，如下所示。

jdbc/mysql：是我们配置的数据源的名称，auth设置容器的验证方式，type设置数据源的类型。

maxActive：设定连接池的最大数据库连接数，如果数据库连接请求超过此数，后面的数据库连接请求就被加到等待队列中。

maxIdle：设定数据库连接的最大空闲时间，超过空闲时间，数据库连接将被标记为不可用，然后释放。

maxWait：设定最大连接等待时间，如果超过此时间将连接到异常。

driverClassName和url是数据库驱动的名称和连接字符串，username和password是数据库的用户名和密码。

（2）引入JDBC驱动。

①将具体的JDBC驱动复制到Tomcat的安装目录下，放到lib文件夹。

②通过配置构建路径，给相应的项目引入jar包。

（3）从连接池中取得连接实例

通过上两步骤的配置，可以在程序中使用DBCP连接池的功能，下面将在应用程序中调用DBCP的功能，从连接池中取出一个数据库连接，代码如下所示。

```
Context context = new InitialContext();
```

//初始化上下文环境，可以从这个环境中取出数据源对象

DataSource ds=(DataSource)context.lookup("java:/comp/env/jdbc/mysql");

//从上下文环境中取出数据源对象，其中jdbc/mysql就是我们在DBCP中配置的数据库源，这个数据源受DBCP的管理

Connection conn=ds.getConnection();//从连接池中取得一个数据库连接

context是JNDI的上下文对象，作用上有些像我们所说的当前目录，调用这个对象的lookup()方法，就可以根据指定的JNDI的名字获得一个数据源对象，其中“java:/comp/env/”是必须有的内容，而“jdbc/mysql”是我们在context. xml文件所设置的参数name的值。然后通过DataSource对象ds的getConnection()方法就可以获得数据库的连接对象conn。这种方式获取的Connection对象在使用完后，必须在程序中显式地调用该对象的close()方法，释放资源，即将当前的Connection对象再返回到连接池中，而不是真正关闭其相应的到数据库的连接。

7.4 高级结果集

7.4.1 JDBC SQL异常处理

JDBC SQL异常分为两种：一种是SQL异常（SQL Exception），一种是SQL警告（SQL Warning）。SQL异常通常在以下情况下会发生：①与服务器失去连接时产生；②SQL命令格式不正确时产生；③使用了底层数据库不支持的功能时产生；④引用了不存在的列时产生。其错误返回的主要方法有：

getErrorCode(); //返回错误代码

getNextException(); //返回下一个异常对象

getNessage(); //得到并常信息

SQL警告（SQL Warning）是在产生非致命错误的SQL状态而产生的SQL警告，通常SQL Warning都是相互关联的，与SQL Exception的方法相似，用getNextWarning来代替getNextException、JDBCSQL异常处理通常分为异常的捕

获和异常的抛出，下面分别进行介绍。

7.4.1.1　异常的捕获

通常使用try{}、catch{}进行捕获，如下：

```
try{
catch(Exception e){
System.out.print(e. getMessage)};
e.printStackTrace();
}
```

采用方法getErrorCode()来获取异常信息。下面采用异常捕获的方式，捕获SQL异常。首先定义异常类和处理异常的方法。然后在main方法中进行创建对象和调用，代码如下：

```
package exception;
import java.sql.Connection;
import java.sql.DriverManager;
import java.sql.ResultSet;
import java.sql.SQLException;
import java.sql.Statenent;
import util.DBUtil;
public class SQLExceptionTest{
    private Conection conn;
    public SQLExceptionTest()
    conn = DBUtil. getConnection(0);
    }
    publie vold lostConnection(){
                try{
    Class.forName("com. mysql.jdbec. Driver");
    conn = DriverManager . getConnection(
    "jdbc ysql://localhost:3306/test","root","root");
    }catch(ClassNotFoundException e){
    // TODO Auto-generated catch block
```

```
            e. printStackTrace();
            }catch(SQLExceptione){
            // TODO Auto generated catch block
            //e. printStackTrace();
    System. out pr intln(e. getErrorCode());
    System. out. println(e. getMessage())
    }
    }
    }
    }
    public void sendErrorCommand(){
    Statement statement=null;
    try {
            statement = conn. createStatenent();
            ResultSet ra = statement. executeQuery(select max(personid)as "最大值
from person ");
            rs.next();
            Integer id= rs. getInt(1);
            System. out. println("id=" + id);
            rs. close();
    }catch(SQLExceptione){
          System. out. println(e. getErrorCode());
          System. out. println(e. getMessage());
          e. printStackTrace():
    }finally{
    if(statement! = null)
    try {
          statenent. close();
    } catch(SQLException e) (
    // TODO Auto generated catch block
          e. printStackTrace();
    }
```

```
}
}
}
publie static void main(String [] arga){
    SQLExceptionTest st = new SQLExceptionTest();
    //st.lostConnection();
    st.sendErrorComnand();
}
}
```

下面采用连接Oracle数据库的方式，进行SQL警告的测试。

```
import java.sql. Connection;
import java.sql.DriverManager;
import java.sql.ResultSet;
inport java.sql.SQLException;
import java.sql.SQLMarning;
import java.sql.Statement;
public class SQLWarningTest{
public static void main(String [] args)
try{
Class. forName("oracle,jdbc. driver. OracleDriver"). newInstance();
String jdbcUrl"jdbe :oracle:thin;@ localhost;1521 :QRCL." ;
Connection conn= DriverNanager.getConnection(jdbcUrl,"yourName" ,
"mypwd");
Statement stmt = conn. createStatement(ResultSet. TYPE SCROLL SENSIIVE,
ResultSet. CONCUR_ UPDATABLE);
SQLWarning SW=null;
ResultSet rs=stmt. executeQuery("Select*from employees");
sw=stat. getwarnings();
System. out println(SW. getMessage());
while(rs. next()){
System. out. println("Employee name:"+ rs. getString(2));
}
```

```
rs. previous());
rs. updateString("name","Jon");
}catch ( SQLException se ) {
System. out. println("SQLException occurred:"+ se. getMessage());
}catch(Exception e){
e. printStackTrace();
}
```

7.4.1.2 异常的抛出

SQL异常属于受检查异常，如果不进行捕获，必须向上声明抛出（使用throws关键字），否则无法通过编译，通常使用throws关键词抛出SQLException. ClassNotFoundException等，由调用的程序进行异常处理或捕获。如下方法所示：

public boolean insertstatis topoly. bvl（int bu,int category）throws ClassNotFoundException;

7.4.2 事务处理

事务处理（Transactions）：处理一组互相依赖的操作行为，数据库事务是指由一个或多个SQL语句组成的工作单元。事务（Transaction）是并发控制的单位，一个事务是一个连续的一组数据库操作，就好像它是一个单一的工作单元进行。换言之，永远不会是完整的事务，除非该组内的每个单独的操作是成功的。如果在事务的任何操作失败，则整个事务将失败。事务是用户定义的一个操作序列，操作序列要么全部都做，要么全部都不做，是一个不可分割的工作单位。通过事务，数据库SQL操作能将逻辑相关的一组操作绑定在一起，以便服务器保持数据的完整性。

MySQL的事务支持不是绑定在MySQL服务器本身，而是与存储引擎相关，如下：

MyISAM：不支持事务，用于只读程序提高性能。

InnoDB：支持ACID事务、行级锁和并发。

Berkeley DB：支持事务。

7.4.2.1 事务的特性

数据库事务具有ACID特性，由关系数据库管理系统（RDBMS）实现，保证数据的正确性，事务通常通过以下4个标准属性（缩写为ACID）来进行数据的保证。

（1）原子性（Atomic）。确保工作单元内的所有操作都成功完成，否则事务将被中止在故障点，以前的操作失效，事务将回滚到以前的状态。

（2）一致性（Consistence）。确保数据库正确地改变状态后，成功提交事务，事务处理过程是一致的保持不变的，指数据库事务不能破坏关系数据的完整性以及业务逻辑上的一致性。

（3）隔离性（Isolation）。指在并发环境中，当不同的事务同时操纵相同的数据时，每个事务都有各自的完整数据空间，使事务操作彼此独立和透明，事务操作数据的中间状态对其他事务是不可见的。

（4）持久性（Duration）。指只要事务成功结束，它对数据库所作的更新就必须永久保存下来。即使发生系统崩溃，重新启动数据库系统后，数据库还能恢复到事务成功结束时的状态。确保提交的事务的结果或效果的系统出现故障的情况下仍然存在，完成事务的结果是持久的。

事务终止的两种方式：①提交，一个事务使其结果永久不变；②回滚，撤销所有更改回到原来状态。

7.4.2.2 数据同时读取（同步）

（1）数据同时读取存在的问题。

脏读取：一个事务读取了另外一个并行事务未提交的更新数据。

不可重复读取：一个事务再次读取之前的数据时得到的数据不一致，被另外一个事务修改。

虚读：一个事务重新执行一个查询，返回的记录包含了其他事务提交的新记录，即一个事务读到另一个事务已提交的新插入的数据，同一个事务里读两次。

第一类丢失更新：撤销一个事物时，把其他事务已提交的更新数据进行覆盖。

第二类丢失更新：这是不可重复读中的特例，一个事务覆盖另一个事务已提交的更新数据。

（2）处理方法。可以通过设定事务的隔离级别（con，setTransactionIsolation（Connection.isolationlevel））来防止上述数据同时读取中存在的问题。

事务的隔离级别共有5种，分别如下所示。

①没有事务隔离，上述（1）中，数据同时读取存在的4种情况都有可能发生。

con. setTransactionIsolation（Connection. TRANSACTION_MONE）

②最底级别，只保证不会读到非法数据，上述（1）中3个问题有可能发生。

com.setTransactionIsolation(Connection.TRANSACTION_READ_LUNCOMITTED)

③默认级别，可以防止脏数据读取。

con.setTransactionIsolation Connection.TRANSACTION_READ_COMITED）

④可以防止脏数据读取和不可重复读取。

con.setTransactionIsolation(Connection.TRANSACTION_REPEATABLE_READ)

⑤最高级别，防止上述（1）中3种情况，事务串行执行（一个接一个排队）。

con.setTransactionIsolation(Connection. TRANSACTION_SERIALIZABLE)

7.4.2.3 事务处理步骤

（1）常规事务处理。

```
try{//1.设置自动提交为false
    con.setAutoCommit(false);
    //2.创建SQL语句
    PreparedStatement st =con.prepareStatement("update book set name = ? where id=?");
    st.setString(1," hibernate4");
    st.setInt(2,2);
    st.executeUpdate();
    //3.提交
    con.commit();
```

```
    }catch(Exception e){
    //4.如果有异常发生回滚到原来的状态
    con. rollback();
    }finally{
    //5.设置成为默认状态
    con.setAutoCommit(true);
    }
```

（2）设置隔离级别的事务处理。

```
try{
//step1设置连接事务的隔离级别
conn.setTransactionIsolation(Connection. TRANSACTION_SERIALIZABLE);
//step2同（1）
}
```

7.4.3 元数据

JDBC中有两种元数据，一种是数据库元数据，另一种是ResultSet 元数据。元数据是描述存储用户数据容器的数据结构。

数据库元数据用来获取具体的表的相关信息，例如，数据库的版本，名称等，以及数据库中有哪些表，表中有哪些字段和字段的属性等。

JDBC中的两种元数据如下所示。

（1）DatabaseMetaData：用来获得数据库的相关信息。

DatabaseMetaData dbmd = con. getMetaData();//通过connection对象获得

System. out. println(dbmd. getDatabaseProductName()); //获得数据库的产品名称

System. out. println(dbmd.getDriverName());//获得数据库的驱动名称

System. out.println(dbmd.getSchemas());//获得数据的Schema（MySql为database 名称，Oracle为用户名称）

public String getDriverName()throws SQLException

public String getDriverVersion()throws SQLException

（2）ResultSetMetaData：用来获得表的信息。

```
ResultSet rs = ps.executeQuery(sql);
ResultSetMetaData rsmd = rs. getMetaData();//通过ResultSet对象获得
    int column = rsmd. getColumnCount();//获得总列数（有多少列）
    System. out. println(rsmd.getColumnName(1));//获得列名（参数为列的索引号，从1开始）
    System. out. println(rsmd.getColunnTypeName(1));//获得列的数据类型名
    System. out. println(rsmd.getTableName(1));//获得表名
    //打印结果集
    public static void printRS(ResultSet rs)throws SQLException{
    ResultSetMetaData rsmd= rs. getMetaData();
    while(rs. next()){
    for(int i=1; i< = rsnd. getColumnCount(); i+ + ){
    String colName = rsmd. getColumnName(i);
    String colValue= rs. getString(i);
    if(i>1){
    System. out.print(",");
    }
    System. out.print(name+"="+ value);
    }
    System. out.println();
    }
}
```

7.4.4 数据源应用

7.4.4.1 创建数据源应用

```
package sample;
import java. sql.Connection;
```

```
import java. sql.SQLException;
import javax.sql.DataSource;
import oracle.jdbc.pool.OracleDataSource;
import com.mysql.jdbc.jdbc2.optional.MysqlDataSource;
public class DataSourceTest {
    public static Connection getConnMysql(){
    MysqlDataSource ds=new MysqlDataSource();
    ds. setServerName("localhost");
    ds. setPortNumber(3306);
    ds. setDatabaseName("test");
    ds. setUser("root");
    ds. setPassword("123");
    Connection con= null ;
    try {
    con = ds.getConnection();
    System.out.println(con);
    }catch(SQLException e){
    e. printStackTrace()};
    }finally{
    try {
    con. close();
    } catch(SQLException e){
    e. printStackTrace();
    }
    }
    return con;
    }
    public static Connection getConnoracle(){
OracleDataSource ds=null;
Connection con=null
try{
ds = new OracleDataSource();
```

```
//ds. setURL("jdbc :oracle; thin: @ localhost:1521:orc1");
ds. setDriverType("thin");
ds. setServerName("localhost");
ds. setPortNumber(1521);
ds. setDatabaseName("orcl");
ds. setUser("iie");
ds. setPassword("123");
con = ds. getConnection();
System. out. println(con);
}catch(SQLException e){
e. printStackTrace();
}finally{
try{
con.close();
}catch(SQLException e){
e. printStackTrace();
}
}
return con;
}
/**@ param args
*
public static void main(String[] args){
    DataSourceTest. getConnMysql();
}
}
```

7.4.4.2 JNDI 应用

Java命名和目录接口（Java Naming and Directory Interface，JNDI）是一组在Java应用中访问命名和目录服务的API。命名服务将名称和对象联系起来，使我们可以用名称访问对象。它是一个应用程序设计的API，为开发人员提供了查找和访问各种命名和目录服务的通用、统一的接口，类似JDBC都是构建在抽象层上。

常用的JNDI程序包如下所示。

（1）Javax. naming：包含了访问命名服务的类和接口。例如，它定义了Context 接口，是命名服务执行查询的入口。

（2）Javax.naming.directory：对命名包的扩充，提供了访问目录服务的类和接口。例如，它为属性增加了新的类，提供了表示目录上下文的DirContext接口，定义了检查和更新目录对象的属性的方法。

（3）Javax.naming.event：提供了对访问命名和目录服务时的事件通知的支持。例如，定义了NamingEvent类，这个类用来表示命名/目录服务产生的事件，定义了侦听NamingEvents 的NamingListener接口。

（4）Javax.naming.ldap：提供了对LDAP版本3扩充的操作和控制的支持，通用包javax.naming.directory没有包含这些操作和控制。

（5）Javax.naming.spi：通过javax. naming和有关包动态增加了对访问命名和目录服务的支持，是为有兴趣创建服务提供者的开发者提供的。

7.4.4.3　JNDI创建步骤

（1）创建JNDI Properties，为初始化上下文（InitialContext）做准备。

java. util. Properties ps = new java,util. Properties();

ps. put(Context. INITIAL_CONTEXT_FACTORY，"com. sun. jndi. fscontext . RefFSContextFactory");

ps.put(Context. PROVIDER_URL,"file:\\le:\\temp");

(2)使用JNDI Properties 创建上下文。

Context Cx = new InitialContext(p);

(3)创建DataSource(ConnectionPoolDataSource)对象，有两种方式，如下：

DataSource ds = new XDataSource();

ConnectionPoolDataSource ds = new XxoxConnectionPoolDataSource();

ds.setURL(databaseURL);

ds.setUser(username);

ds.setPassword(password);

7.4.4.4 查询上下文步骤

（1）创建JNDI Properties 为初始化上下文（InitialContext）做准备。

java.util.Properties p= new java. util. Properties();

p.put(Context.INITIAL_CONTEXT_FACTORY,"com. sun. jndi. fscontext. RefFSContextFactory");

p.put(Context.PROVIDER_URL,"file: \\e:\\temp");

（2）使用JNDI Properties 创建上下文。

Context cx= new InitialContext(p);

（3）通过名称查询上下文，有两种方式，如下：

DataSource ds=(DataSource)cx.lookup(name);

ConnectionPoolDataSource ds=(ConnectionPoolDataSource)cx. lookup(name);

（4）获取连接，有两种方式，如下：

Connection con=ds.getConnection(); // connection-> statement-> Resultset

PooledConnection pc=ds.getPooledConnection();

Connection con= pc.getConnection(); // connection-> statement-> Resultset

7.5 JDBC在Java Web中的应用

7.5.1 使用JDBC存取二进制数据

除了存储文本信息，建立一个能够存储多媒体资料的数据库是必要的，在SQL中有text类型可以存储大文本，而blob类型和clob类型分别用于存储二进制型大对象（Binary Large Object，BLOB）和字符型大对象（Character Large Object）。clob及blob类型的数据和普通文本信息的存储方式不一样，它们不被存储在表内，而是和表中数据分离，在表中存储的只是这些对象的引用。在实际Web应用中，可以使用blob类型以二进制流的方式存储多媒体数据对象，如图像、声音、视频等。

数据库系统中存储多媒体数据有两种方式，一种是以文件方式存储多媒体数据，然后在数据库中存储文件的路径；另一种就是将多媒体文件完全存储在数据库中。使用文件存储多媒体数据的方式，则在数据库中文件路径和文件物理地址不匹配时会产生问题。而完全使用数据库存储的方式，则可能导致数据库过于庞大，数据库中的多媒体文件因为不存在URL，不能直接被网页引用。

在JDBC中，可以直接使用InputStream接口操作数据库中blob类型的数据，另外也提供了Blob接口来处理对应blob类型。相对地，可以使用Reader和Clob接口操作SQL的clob类型。下面介绍使用二进制流将文件完全存储在数据库中。

7.5.2 图像文件存取

在JDBC标准中，访问大对象的方法通常是使用ResultSet里的getBinarysStream()方法进行读和PreparedStatement里的setBinaryStream()方法进行写。操作前，首先要将大对象表示成Java流，进而采用java.io包中的InputStream 来读写二进制数据。当希望向数据库写文件时，应先从外部读入，因此获取的是InputStream。而当文件要从数据库取出时，相对应用程序来说，这是个外部读取的过程，因此从数据库读数据也是用的InputStream。

直接使用数据库图形化软件，或者下列语句在数据库中创建一个multimedia表：

```
mysql-> CREATE TABLE multimedia(
    ->name varchar(20)PRIMARY KEY NOT NULL,
    ->data blob NOT NULL);
```

图像、声音和视频虽然在标准SQL中都是使用blob存储，但SQL Server 在创建数据库时可以使用image数据类型来存储图像，而MySQL则没有提供这种类型的数据。

下例BlobOperation.java使用自定义的数据源SampleDataSource获取连接，并将名为interestingjpg的图像文件转换成输入流，然后将其存入数据库multimedia表中：

```
public class BlobOperation {
  private static JFrame jframe = new JFrame("多媒体");
  public static void init(){
      jframe.setSize(450,500);
      jframe.getContentPane().setLayout(new FlowLayout());
      WindowListener l=new WindowAdapter(){
          public void windowClosing(WindowEvente){
              System.exit(0);
          }
      };
      jframe.addWindowListener(1);
  }

  public static void storeBlob(DataSource ds){
    try（Connection conn = ds. getConnection();
        PreparedStatement stmt = conn.prepareStatement(
            "INSERT INTO mulimedia VALUES(?,?)")){
            //存放一个图片
            //System. out.prinln(new File(").getAbsolutePath());
            InputStream img = new FileInputStream("interesting.jpg");
            stmt.setString(1,"interestingjpg");
            stmt.setBinaryStream(2,img);
            stmt.executeUpdate();
            stmt.clearParameters();
            //存放一段视频
            InputStream music = new FileInputStream("11.November.mp3");
            stmt.setString(1,"11.November.mp3");
            stmt. setBinaryStream(2,music);
            stmt.executeUpdate();
      }catch(SQLExceptione){
          e.printStackTrace();
      } catch(FileNotFoundExceptione){
```

```
            e.printStackTrace();
        }
    }

    public static void main(String[] args){
        DataSource ds = SampleDataSource. getInstance();
        storeBlob(ds);
        Image image = null;
        try(Connection conn = ds.getConnection();
            PreparedStatement stmt = conn.prepareStatement(
                "SELECT data From multimedia")){
                //取出一个图片
                ResultSet rs= stmtexecuteQuery();
                while(rs.next()){
                    if(rs.getring(1).indexof("jpg")!=-1){
                        image =
                        Toolkit.getDefautltloloit().createlmage(rs.getByte(2));
                    }
                }
        } catch(SQLException e){
                e.printStackTrace();
        }
          init();
          Container p = jframe.getContentPane();
          if(image!=null){
            JLabel jl = new JLabel(new ImageIcon(image));
            p.add(1);
          }
        jframe.setVisible(true);
        ((SampleDataSource)ds).closeConctionPool();
    }
}
```

storeBlob()方法描述了存入过程，首先需要创建一个PreparedStatement对象，并指出对应参数。本例中每行的第二个参数name是一个blob类型，可以使用setBinaryStream()方法将一个输入流存入数据库。

在主函数中展示了获取blob对象的方式，首先以PreparedStaterment对象设置对应参数，并进行查询，对blob类型的参数，可以使用getBinaryStream()方法获取InputStream流。在本例中使用的getBytes()方法将获取这个流对象的byte[]数组形式，这个byte 数组直接成为了构造Image对象的参数。本例作为一个Java应用程序，使用图形化方式显示了存储在数据库中的图像。

7.5.3 声音和视频文件存取

以MySQL为例，若MySQL使用innoDB存储引擎，一个单元的最大容量只有4194304字节（约4M），所以为了使用Blob或者Text类型存储更大的文件需要更改MySQL的设置max_ allowed_ packet，该值最大约为1G.因此MySQL不能以一个单元存储大于1G的数据。

除此之外，MySQL还将Blob类型分为TINYBLOB、BLOB、MEDIUMBLOB和LONGBLOB。它们分别对应不同大小类型的数据，blob 类型只能存储64K的数据，MediumBlob只能存储16M，而LongBlob可以存储4G（但还是有1G上限）。

为了存储上例中的MP3文件需要将表的类型更改为multimedia(name varchar(20),data mediumblob);并将数据库服务器的设置max_allowed_packet至少更改为16M。

因为声音和视频等文件太大，在实际应用中并不将多媒体数据完全地存储在关系数据库中，而只在数据库中存储数据的路径，应用程序将根据路径访问文件。

下面的例子将在数据库中存储视频路径，而在JSP页面中将通过查询数据库中的视频路径显示视频。该例使用Web服务器提供的数据源获取连接。

创建一个video_uri 表，插入一行数据：

```
<%@ page import="javax. naming.*,java.sql.*,javax.sql.*" %>
<%
InitialContext initCtx = new InitialContext();
```

```
Context ctx =(Context)initCtx.Jookup("java:/comp/env");
DataSource ds =(DataSource)ctx.lookup"jdbc/datasourceTest")；
Connection conn=ds.getConnection();
Statement stmt=conn.createStatement();
stmt.executeUpdate("CREATE TABLE IF NOT EXISTS video_uri(\n" +"video_
name varchar(20)PRIMARY KEY, \n"+"uri varchar(50)NOT NULL)");
stmt.executeUpdate("INSERT INTO video_ uri\n" +"VALUES('daily_show'，
'res/video/The.Daily.Show.2014.11.11.APEC-SUB.mp4')");
stmt.close();
conn.close();
response.sendRedirect("video.resutjsp");
%>
```

根据这个信息在页面标签中填写正确的值来显示视频结果。

```
<body>
<%--省略了连接数据库的操作
ResultSet rs = stmt.executeQuery(
"SELECT uri FROM video_uri WHERE video_name='daily_show' ")；
String uri=null;
while(rs.next(){
uri=rs.getString("uri");
}
stmt.close();
conn.close();
StringBuffer videoURL = request.getRequestURL();
int last = videoURL.lastIndexOf(request.getContextPath());%>
<video src="<%= videoURL.substring（0,last）+request.getContextPath)+ "/" +
uri%>"
controls width="640" height="360">
你的浏览器不支持video标签
</video>
</body>
```

第8章

持久化框架Hibernate

Hibernate是一个开放源代码的对象关系映射框架，它对JDBC进行了非常轻量级的对象封装。Hibernate可以应用在任何使用JDBC的场合，既可以在Java的客户端程序使用，也可以在ServletJSP的Web应用中使用。最具革命意义是，Hibernate应用EJB的J2EE架构追踪取代CMP，完成数据持久化的重任。它将POJO与数据库表建立映射关系，是一个全自动的ORM框架。Hibernate可以自动生成SQL语句，自动执行，使得Java程序员可以随心所欲地使用对象编程思维来操作数据库。

8.1 Hibernate概述

目前有好多持久化层中间件；有些是商业性的，如Toplink；有些是非商业性的，如JDO、Hibernate、iBatis、Java开发人员可以方便地通过Hibernate API操纵数据库，用来把对象模型表示的对象映射到基于SQL的关系模型数据结构中去。Hibernate不仅仅管理Java类到数据库表的映射，还提供数据查询和获取数据的方法，可以大幅度减少开发时人工使用SQL和JDBC处理数据的时间。

对于应用程序来说，所有的底层JDBC/JTA API都被抽象了，Hibernate会替开发者管理所有的细节。Hibernate特性主要包含以下7个方面。

（1）Persistence for POJOs（Plain Old Java Object）：对POJO持久化（简单传统Java对象）。

（2）Flexible and intuitive mapping：灵活与易学的映射。

（3）Support for fine-grained object models：支持细粒度的对象模型。

（4）Powerful，high performance queries：强大和高效的查询。

（5）Dual-layer Caching Architecture（HDLCA）：两层缓存架构。

（6）Toolset for roundtrip development（SQL、Java代码、XML映射文件中）进行相互转换的工具。

（7）Support for detached persistent objects：支持游离，持久对象。

Hibernate的核心接口一共有6个，分别为Session、SessionFactory、Transaction、Query、Criteria和Configuration，这6个核心接口在任何开发中都会用到。通过这些接口，不仅可以对持久化对象进行存取，还能够进行事务控制，下面对这6个核心接口分别加以介绍。

（1）SessionFactory。对属于单一数据库编译过的映射文件的一个线程安全的，不可变的缓存快照，它是Session的工厂，是ConnectionProvider的客户，可能持有一个可选的（第二级）数据缓存，可以在进程级别或集群级别保存且可以在事物中重用的数据。

（2）Session。单线程且生命期短暂的对象，代表应用程序和持久化层之间的一次对话。封装了一个JDBC连接，也是Transaction的工厂，保存有必需的（第一级）持久化对象的缓存，用于遍历对象图，或者通过标识符查找对象。

（3）Persistent Object and Collection。生命周期短暂的单线程的对象，包含了持久化状态和商业功能。它们可能是普通的JavaBeans/POJOs，唯一特别的是它们从属于且仅从属于一个Session，一旦Session被关闭，它们都将从Session中取消联系，可以在任何程序层自由使用，如直接作为传送到表现层的数据传输对象（DTO）。

（4）Transient Object and Collection。目前没有从属于一个Session的持久化类的实例，它们可能是刚刚被程序实例化，还没有来得及被持久化，或者是被一个已经关闭的Session实例化。

（5）Transaction。单线程且生命期短暂的对象，应用程序用它来表示一批不可分割的操作，它是底层的JDBC、JTA或CORBA事务的抽象。一个Session在某些情况下可能跨越多个Transaction事务。

（6）ConnectionProvider。JDBC连接的工厂和池，从底层的Datasource或者DriverManager抽象而来，对应用程序不可见，但可以被开发者扩展/实现。

（7）TransactionFactory。事务实例的工厂，对应用程序不可见，但可以被开发者扩展/实现。单线程且生命期短促的对象，应用程序用它来表示一批工作的原子操作，它是底层的JDBC、JTA或CORBA事务的抽象。一个Session在某些情况下可能跨越多个Transaction事务。

（8）Query。Query接口让你方便地对数据库及持久对象进行查询，它可以有两种表达方式：HQL语言或本地数据库的SQL语句。Query经常被用来绑定查询参数、限制查询记录数量，并最终执行查询操作。

（9）Criteria。Criteria接口与Query接口非常类似，允许创建并执行面向对象的标准化查询。值得注意的是Query接口也是轻量级的，它不能在Session之外使用。

8.2　使用Hibernate的缓存

缓存是数据库数据在内存中的临时容器，是数据库与应用程序的中间件。在Hibernate中也采用了缓存的技术，使Hibernate可以更加高效地进行数据持久化操作。Hibernate数据缓存分为两种，分别是一数据库级缓存（Session Level，也称为内部缓存）和二级缓存（SessionFactory Level）。

8.2.1　一级缓存的使用

Hibernate的一级缓存属于Session级缓存，所以它的生命周期与Session是相同的，它随Session的创建而创建，随Session的销毁而销毁。

当程序使用Session加载持久化对象时，Session首先会根据加载的数据类和唯一性标识在缓存中查找是否存在此对象的缓存实例，如果存在将其作为结果返回，否则Session会继续向二级缓存中查找实例对象。

在Hibernate中不同的Session之间是不能共享一级狠存的，也就是说一个Session 不能访问其他Session在一级缓存中的对象缓存实例。

在同一Session中查询两次产品信息。

创建添加产品信息类GetProduct.java，在类的main()方法中的关键代码如下：

```
Session session = null;                         //声明Session对象
try{
    //Hibernate的持久化操作
    Session = HibernateInitialize.getSession();      //获取Session
    //装载对象
    Product product = (Product)session.get(Product.class，new Integer("1"));
    System.out.println("第一次装载对象");
    //装载对象
        Product product2=(Product)session.get(Product.class,new Integer("1"));
        System.out.printin("第二次装载对象");
}catch(Exception e){
    e.printStackTrace();
}finally{
    HibernateInitialize.closeSession();            //关闭Session
}
```

Hibernate只访问了一次数据库，第二次对象加载时是从一级缓存中将该对象的缓存实例以结果的形式直接返回。

8.2.2 配置并使用二级缓存

Hibernate的二级缓存将由从属于一个SessionFactory的所有Session对象共享。当程序使用Session加载持久化对象时，Session首先会根据加载的数据类和唯一性标识在缓存中查找是否存在此对象的缓存实例，如果存在将其作为结果返回，否则Session会继续向二级缓存中查找实例对象，如果二级缓存中也无匹配对象，Hibernate将直接访问数据库。

由于Hibernate本身并未提供二级缓存的产品化实现，所以需要引入第三方插件实现二级缓存的策略。在本节中将以EHCache作为Hibernate默认的二级缓存，讲解Hibernate二级缓存的配置及其使用方法。

利用二级缓存查询产品信息。

首先需要在Hibernate配置文件hibernate.cfg.xml中配置开启二级缓存，关键代码如下：

```
<hibernate-configuration>
    <session-factory>
        <--开启二级缓存-->
        <property name = "hibernate.cache.use_second_level_cache">true</property>
        <--指定缓存产品提供商-->
        <property ame = "hibernate.cache.provider_class">
            org.hibernate.cacthe.EhCacheProvider
        </property>
        </session-factory>
</hibernate-configuration>
```

在持久化类的映射文件中，需要指定缓存的同步策略，关键代码如下：

```
<--产品信息字段配置信息-->
<hibernate-mapping>
    <class name ="com.mr.product.Product"table = "tab.product">
    <!--指定的级存的同步策路-->
        <cache usige ="read-only"/>
    </class>
</hibernate-mapping>
```

在项目的classpath根目录下加入缓存配置文件ehcache.xml，此文件可以从Hibernate的zip包下的etc目录中找到，缓存配置文件代码如下：

```
<eheache>
    <diskStore path = "java.io.tmpdir"/>
    <defaultCache
```

```
        MaxElementsInMemory = "10000"
        eternal= "false"
        timeToldleSeconds = "120"
        timeToLiveSeconds = "120"
        overflowToDisk = "true"
        />
</ehcache>
```

创建添加产品信息类SecondCache.java，在类的main()方法中的关键代码如下（在同一SessionFactory中获取两个Session，每个Session执行一次get()方法）：

```
Session session = null;        //声明第一个Session对象
Session session = null;        //声明第二个Session对象
try{
    //Hibernate的持久化操作
    Session = HibernateInitialize.getSession();//获取第一个Session
    Session2 = HibernateInitialize.getSession();//获取第二个Session
    //装载对象
    Product product = (Product)session.get(Product.class，new Integer("1"));
    System.out.println("第一次装载对象");
    //装载对象
    Product product2=(Product)session.get(Product.class，new Integer("1"));
    System.out.printin("第二次装载对象");
}catch(Exception e){
    e.printStackTrace();
}finally{
  HibernateInitialize.closeSession();//关闭Session
}
```

当第二个Session 装载对象时，控制并没有输出SQL语句，说明Hibernate是从二级缓存中装载的该实例对象。二级缓存常常用于数据更新频率低，系统频繁使用的非关键数据，以防止用户频繁访问数据库，过度消耗系统资源。这就好比买家（用户）、超市（二级缓存）和商品生产商（数据库）的关系，当买家需要某件商品时首先会去超市购买，而没有必要去商品生产商那里直接购买，当超市无法满足买家需求时（如产品更新换代，可以想象成数据库的数据进行了更新），买家才会去咨询商品生产商。

8.3 实体关联/继承关系映射

8.3.1 实体关联映射

在一个应用系统中，数据库可能有多个数据表，这些表之间具有一定的引用关系，反映到实体中就是实体之间的关联。

8.3.1.1 实体关联类型

在关系数据库中，实体与实体之间的联系有一对一、一对多、多对一和多对多4种类型。

在Hibernate中实体类之间也存在这4种关联类型。

（1）一对一。一个实体实例与其他实体的单个实例相关联。例如，一个人（Person）只有一个身份证（IDCard），人和身份证之间就是一对一关联。

（2）一对多。一个实体实例与其他实体的多个实例相关联。例如，在订单系统中，一个订单（Order）和订单项（OrderItem）具有一对多的关联。

（3）多对一。一个实体的多个实例与其他实体的单个实例相关联。这种情况和一对多的情况相反。在人力资源管理系统中，员工（Employee）和部门（Department）之间就是多对一的关联。

（4）多对多。实体A的一个实例与实体B的多个实例相关联，反之，实体B的一个实例与实体A的多个实例相关联。例如，在大学里，一门课程（Course）有多个学生（Student）选修，一名学生可以选修多门课程。因此，学生和课程之间具有多对多的关联。

8.3.1.2 单向关联和双向关联

实体关联的方向可以是单向的（unidirectional）或双向的（bidirectional）。

在单向关联中，只有一个实体具有引用相关联实体的字段。例如，OrderItem具有一个标识Product的字段，但是Product则没有引用OrderItem的字段。换句话说，通过OrderItem可以知道Product，但是通过Product并不能知道是哪个OrderItem实例引用它。

在双向关联中，每个实体都具有一个引用相关联实体的字段。通过关联字段，实体类的代码可以访问与它相关的对象。例如，如果Order知道它具有哪些OrderItem实例，而且如果OrderItem知道它属于哪个Order，则它们具有一种双向关联。

8.3.1.3 关联方向与查询

HQL查询语言的查询通常会跨关系进行导航。关联的方向决定了查询能否从某个实体导航到另外的实体。例如，如果从Department实体到Student实体具有单向关联，则可以从Department导航到Student，反之不能。但如果这两个实体具有双向关联，则也可以从Student实体导航到Department实体。

8.3.1.4 一对多关联映射

具有关联关系的实体需要通过映射文件映射。下面主要讨论一对多关联映射、一对一关联映射和多对多关联映射。

一对多关联最常见，例如一个部门（Department）有多个员工（Employee）就是典型的一对多联系。在实际编写程序时，一对多关联有两种实现方式：单向关联和双向关联。单向一对多关联只需在一方配置映射，而双向一对多关联需要在关联的双方进行映射。下面以部门（Department）和员工（Employee）为例说明如何进行一对多关联的映射。

（1）单向关联。

为了让两个持久类支持一对多的关联，需要在“一”方的实体类中增加一个属性，该属性引用“多”方关联的实体。具体来说，就是在Department类中增加一个Set <Employee>类型的属性，并且为该属性定义setter和getter方法。

下面是Employee类的定义：

```
package com.entity;
import java.util.*;
   public class Employee{
      private Long id;
      private String employeeNo;
      private String employeeName;
      private char gender;
      private Calendar birthdate;
      private double salary;
      public Employee(){}
      public Employee(String employeeNo,String employeeName,char
                     gender,Calendar birthdate,double salary){
         this.employeeNo = employeeNo;
         this.employeeName = employeeName;
         this.gender = gender;
         this.birthdate = birthdate;
         this.salary = salary;
      }
      //各属性的setter和getter方法
}
```

下面是Department类的定义：

```
package com.entity;
import java.util.*;
public class Department{
   private Long id;
   private String deptName;
   private String telephone;
   private Set <Employee> employees;  //引用员工的集合属性
   public Department(){}             //默认构造方法

   public Department(String deptName,String telephone,
```

```
                        Set <Employee>employees){
        this.deptName = deptName;
        this.telephone = telephore;
        this.enployees = employees;
    }
    //employees属性的getter和setter方法
    public Set<Employee>getEmployees(){
        return employees;
    }
    Public void setEmployees(Set<Eaployee>employees){
        this.employees=employees;
    }
    //省略其他属性的getter和setter方法
}
```

在Department类中定义了一个Set类型的属性employees，并且为该属性定义了setter和getter方法。有了这个属性，才能保证从“一”方访问到“多”方。

对于单向的一对多关联只需在“一”方实体类的映射文件中使用<one-to-many>元素进行配置，即只需配置Department的映射文件Department.bhm.xml，如下所示：

```
<?xml version = "1.0" encoding = "UTF-8"?>
<!DOCTYPE hibernate-mapping PUBLIC
        "-//Hibernate/Hibernate Mapping DTD 3.0//EN"
"http://hibernate。sourceforge.net/hibernate-mapping-3.0.dtd">
<hibernate-mapping package = "com.entity">
  <class name = "Department"table = "department"lazy = "true">
    <id name = "id"column = "id">
      <generator class = "identity"/>
    </id>
    <property name = "deptName"type = "string"column = "dept name"/>
    <property name = "telephone"type = "string"column = "telephone" />
      <set name = "employees"table = "employee"
        Lazy = "false"inverse = "false"
```

```
            cascade = "al1"sort = "unsorted"
            <key column = "dept-id"/> <!--关联表（多方）的外键名--->
            <one-to-many class = "com.entity.Employee" />
        </set>
    </class>
</hibernate-mapping>
```

在上述映射文件中，<class>元素的lazy属性设置为true，表示数据延迟加载，如果lazy属性设置为false表示数据立即加载。下面对立即加载和延迟加载这两个概念进行说明。

立即加载：表示当Hibernate从数据库中取得数据组装好一个对象（如Department对象），会立即再从数据库中取出此对象所关联的对象的数据组装对象（如Employee对象）。

延迟加载：表示当Hibernate从数据库中取得数据组装好一个对象（如Department对象），不会立即再从数据库中取出此对象所关联的对象的数据组装对象（如Employee对象），而是等到需要时，才会从数据库中取得数据组装关联对象。

映射文件中的< set>元素用来描述Set类型字段employees，该元素的各属性含义如下：

①name：指定字段名。本例中字段名为employees，其类型为java.util.Set.

②table：指定关联的表名，本例为employee表。

③lazy：指定是否延迟加载，false表示立即加载。

④inverse：用于表示双向关联中被动的一端。inverse值为false的一方负责维护关联关系。

⑤cascade：指定级联关系。cascade=all表示所有情况下均进行级联操作，即包含save-update和delete操作。

⑥sort：指定排序关系，其可选值为unsorted（不排序），natural（自然排序）。

⑦comparatorClass（由实现Comparator接口的类指定排序算法）

⑧<key>子元素的column属性指定关联表（本例为employee表）的外键（dept-id）。

⑨<one-to-many>子元素的class属性指定关联类的名字。

在hibernate.cfg.xml文件中加入下面配置映射文件的代码：

```
<mapping resource = "com/entity/Employee.hbm.xml"/>
```

```
<mapping resource = "com/entity/Department.hbm.xml"/>
```

下面代码创建了一个Department对象depart和两个Employee对象，并将它们持久化到数据库表中。

```
Session session = HibernateUtil.getSession();
Transaction tx = session.beginTransaction();
Employee emp1 = new Enployee（"901","王小明",'X',
                    new GregorianCalendar(1972,11,20),3500.00);
          emp2 = new Eaployee("902","张大海",'F',
                    new GregorianCalendar(1989,5,14),4800.00);
                    Set<Employee>employees = new HashSet<Eaployee>();
     employees.add(emp1);
     employees.add(emp2);
Department depart = new Departaent("软件开发部","3400222",employees);
     session.save(depart);
     tx.commit();
```

上述代码执行后在department表中插入一条记录，在employee表中插入两条录。

对于单向的一对多关联，查询时只能从一方导航到多方，如下所示：

```
String query_str = "from Department d inner join d.employees e";
Query query = session.createQuery(query_str);
List list = query.list();
For(int i = 0； i < list.size()； i++){
     object obj[] =(Object[])list.get(i);
     Department dept =(Departaent)obj[0];//dept是数组中第一个对象
     Employee emp =(Employee)obj[1]; //emp是数组中第二个对象Systemout.
     println(dept.getDeptName()+"："+emp.getEmployeeNane());
```

（2）双向关联。

如果要设置一对多双向关联，需在“多”方的类（如Employee）中添加访问“一”方对象的属性和setter及getter方法。例如，如果要设置Department和Employee的双向关联，需在Employee类中添加下面代码：

```
private Department department;
public Department getDepartment(){
```

```
        return this.department;
    }
    public void setDepartment(Department department){
        this.department = department;
    }
```

在“多”方的映射文件Employee.hbm.xml中使用<many-to-one>元素定义多对一关联。代码如下：

```
<many-to-one name = "department"class = "com.entity.Department"
             Cascade = "all"outer-join = "auto"column = "dept_id"/>
```

此外，还需要把Department.bhm.xml中的<set>元素的inverse属性值设置为true，如下所示：

```
<set name="employees" table="employee"
     lazy="false" inverse="true"
     cascade="all" sort="unsorted">
     <key column="dept_id"/>
     <one-to-many class="com.entity.Employee"/>
</set>
```

下面代码实现了从Employee和Department实体类查询的功能，这里用到了实体连接的功能，它是从“多”方导航到“一”方。

```
Session session = HibernateUtil.getSession();
Transaction tx = session.beginTransaction();
Department depart = new Department();
depart.setDeptName("财务部");
depart.setTelephone("112233");
Employee emp1= new Employee("901","王小明",'男',
                    new GregorianCalendar(1972,0,20),3500.00),
         emp2 = new Employee("902","张大海",'女',
                    new GregorianCalendar(1989,11,14),4800.00);
                    emp1.setDepartment(depart);
    emp2.setDepartment(depart);
    session.save(emp1);
    session.save(emp2);
```

```
//查询员工及部门信息
String queryString = "from Enployee e inner join e.department d";
Query query = session.createQuery(queryString);
List list = query.list();
For(int i=0;i < list.size();i++){
    object obj[] = (Object[])list.get(i);
    Employee emp=(Employee)obj[0];  //emp是数组中第一个对象
    Department dept=(Department)obj[1];//dept是数组中第二个对象System.
    out.println(dept.getDeptName()+"："+emp.getEmployeeName());
```

8.3.1.5 多对一单向关联映射

多对一单向关系映射十分常见，例如，图书对象Book与图书类别Type为多对一的关联关系，多本图书对应一个类别，在Book对象中拥有Type的引用，它可以加载到一本图书的所述类别，而在Type的一端却不能加载到图书信息。

对于多对一单向关联映射，Hibernate会在多的一端加入外键与另一端建立关系。

建立图书对象Book与图书类型对象Type的多对一单向关联关系，通过单向关联进行映射。其Book映射代码如下。

```
<?xml version="1.0" encoding="utf-8"?>
<!DOCTYPE hibernate-mapping PUBLIC "-//Hibernate/Hibernate Mapping DTO3.0//EN"
"http://hibernate.sourceforge.net/hibernate-mapping-3.0.dtd">
<hibernate-mapping>
  <class name="com.itzcn.model.Book "table="book" catalog="book">
    <id name="id" type="java.lang.Integer">
      <column name="id"/>
      <generator class="assigned"/>
    </id>
  <!--多对一关联映射-->
    <many-to-one name="type" class="com.itzcn.model.Type"fetch="select">
      <column name="typeld"/><!--映射的字段-->
```

```
        </many-to-one>
        <property name="name"type="java.lang.String">
            <column name="name"length="100"/>
        </property>
        <property name="author"type="java.lang.string">
            <column name="author"length="50"/>
        </property>
    </class>
</hibernate-mapping>
```

Hibernate的多对一单向关联是使用<many-to-one>标签进行映射的，此标签用在多的一端，这里是Book一端。其中，name属性用于指定持久化类中相应的属性名，class属性指定与其关联的对象。

8.3.1.6 多对一双向关联映

双向关联的实体对象都持有对方的引用，在任何一端都能加载到对方的信息。多对一双向关联映射实质是在多对一单向关联的基础上加入了一对多关联关系。

对于图书类别对象Type，它拥有多个图书对象的引用，因此需要在Type对象中加入Set属性的图书集合books，对于其映射文件也通过集合的方式进行映射。

建立图书对象与图书类别的多对一关联关系时，其中Book对象的映射文件与多对一单向关联中一致，而Type对象的映射文件需要通过<set>标签来进行映射。其主要代码如下。

```
<?xml version="1.0"encoding="utf-8"?>
<!DOCTYPE hibernate-mapping PUBLIC"-//Hibernate/Hibernate Mapping DTD 3.0//EN"
"http://hibernate.sourceforge.net/hibernate-mapping-3.0.dtd">
<hibernate-mapping>
    <class name="com.itzcn.model.Type"table="type"catalog-"book">
        <id name="typeld"types"java.lang.Integer">
            <column name-"typeld"/>
            <generator class="assigned"/>
```

```
        </id>
        <property name="name"type="java.lang.String">
            <column name="name"length="50"/>
        </property>
        <set name="books"inverse="true">
            <key>
                <column name="typeId"/>
            </key>
            <one-to-many class="com.itzcn.model.Book"/>
        </set>
    </class>
</hibernate-mapping>
```

<set>标签用于映射集合类型的属性，其中，name属性用于指定持久化类中的属性名称。子标签<key>指定数据表中的关联字段，一对多关联映射通过Cone-to-many>标签进行映射，class属性用于指定相关联的对象。inverse属性设置为true，表示Type不再是主控方，而是将关联关系的维护交给了对象Book来完成，在Book对象持久化时会主动获取关联的Type类的typeId。

建立图书对象Book与图书类型对象Type的多对一双向关联关系，通过单向关联进行映射。

（1）在Type持久化类中以集合的形式引入Book持久化类，主要代码如下。

```
public class Type implements java.io.Serializable{
        private static final long serialVersionUID =1L;
        private Integer typeId;
        private String name;
        private Set<Book> books;  //Set集合，一个类型对应的所有图书
    //省略getter、setter方法
    }
```

（2）创建com.itzcn.test.SelectBook类，通过加装图书类型程序关联的图书信息，main()方法中的主要代码如下：

```
Session = HibernateSessionFactory.getSession();
session.beginTransaction();
Type type=(Type)session.get(Type.class， new.Integer("1"));
```

```
System.out.println("图书类型为：" + type.getName());
Set<Book> books = type.getBooks();
Iterator<Book> iterator = books.iterator();
While(iterator.hasNext()){
    Book book = iterator.next();
    System.out.println（"书名：" + book.getName() + "作者：" + book.get
    Author());
}
session.getTransaction().commit();
```

8.3.1.7　一对一关联映射

（1）一对一主键关联映射。

一对一的主键关联指两个表之间通过主键形成一对一的映射，如每个公民只允许拥有一个身份证，公民与身份证之间就是一对一的关系。定义公民表people和身份证表Idcard，其中，people表的id既是该表的主键，又是该表的外键。

其中，People的映射文件People.hbm.xml的主要代码如下。

```
<hibernate-mapping>
   <class name="com.itzcn.model.People"table="people"catalog-"book">
      <id name="id"type="java.lang.Integer">
         <column name="id"/>
         <generator class="native"></generator>
      </id>
  <!--省略部分代码-->
      </property>
            <one-to-one name="idcard"cascades"all">
      </one-to-one>
   </class>
</hibernate-mapping>
```

Idcard的映射文件Idcard.hbm.xml的主要代码如下：

```
<hibernate-mapping>
   <class name="com.itzcn.model.Idcard"table="idcard"catalog="book">
```

```
<id name="id"type="java.lang.Integer">
    <column name="id"/>
    <generator class="foreign">
    <param name="property">people</param>
    </generator>
</id>
<property name="cardNumber"type="java.lang.String">
    <column name="cardNumber"length="18"/>
</property>
    <one-to-one name="pepole"class="com.itzcn.model.People"constra-
ined="true"/>
  </class>
</hibernate-mapping>
```

<one-to-one>标签用于建立一对一的关系映射，其中，name属性用于指示持久化类中的属性名称；constrained属性用于建立一个约束，它表明Idcard对象的主键参照了People的外键。Idcard的主键生成策略为foreign，此种方式通过<param>标签配置主键来源。

（2）一对一外键关联映射。

一对一外键关联的配置比较简单，仍以公民实体对象与身份证实体对象为例。在people表中添加一个card_id作为该表的外键，同时该字段唯一。

8.3.1.8 多对多关联映射

Hibernate的多对多映射需要借助第三张表进行实现。例如，学生和课程之间是多对多的关系，一个学生可以选修多门课，而一门课程又可以被多个学生选修。对于这种关系，Hibernate分别用两个实体的标识映射出第三张表，用此表来维护学生与课程之间的多对多关系。

由于对象之间存在的是多对多的关系，彼此都可以拥有对方的多个引用，因此在设计持久化类中加入Set集合。

8.3.2 继承映射

继承和多态是面向对象程序设计语言的两个最基本的概念。Hibernate为具有继承关系的类也提供了映射的方法。例如，Person类、Employee类和Student类之间就具有继承关系。

Hibernate实现对象的继承映射主要有三种方式：所有类映射成一张表，每个子类映射成一张表，每个具体子类映射成一张表，在实际应用中可根据需要进行选择。

8.3.2.1 所有类映射成一张表

这种映射策略是将整个继承树的所有实例都保存在一个数据库表中。对上述的继承关系就是将Person实例、Employee实例和Student实例都保存在同一个表中。为了在一个表内区分哪一行是Employee、哪一行是Student，就需要为表增加一列，该列称为判别者（discriminator）列。

在这种映射策略下，使用<discriminator>元素指定判别者列，使用<subclass>元素指定子类及其属性。

下面是映射文件Person.bhm.xml的主要内容：

```
<hibernate-mapping package="com.entity">
    <class name="Person" table="person"
      discriminator-value="PERSON">
    <id name="id"type="java.lang.Long">
      <column name="id"/>
      <generator class="identity"/>
    </id>
    <discriminator column="person_type" type="string"/>
    <property name="name"type="string" column="person_name"/>
    <property name="age"type="integer" column="person_age"/>
    <subclass name="Employee" discriminator-value="EMP">
      <property name="salary" type="double">
            <column name="salary"/>
```

```
        </property></subclass>
      <subclass name="Student" discriminator-value="STUD">
        <property name="major" type="java.lang.String">
            <coluan name="major"/>
          </property>
        </subclass>
      </class>
    </hibernate-mapping>
```

在该映射文件中，指定了一个判别者列，列名为person_type，对不同的实例，在表中将插入不同的值，通过该值可以区分不同的实例。在主类中我们使用下面代码创建3个对象，然后把它们持久化到数据表中。

```
Person p=new Person(new Long(101),"王小明",25);
Student stud=new Student(new Long(102),"李大海",23,"计算机科学");Employee
emp=new Employee(new Long(301),"刘明",24,3800);
session.save(p);
session.save(stud);
session.save(emp);
```

说明：采用这种映射策略不需要在配置文件hibernate.cfg.xml中指定Student.hbm.xml和Employee.hbm.xml映射文件。

8.3.2.2 每个子类映射成一张表

采用每个子类映射一张表的策略使用<joined-subclass>标记，父类实例保存在父类表中，子类实例则由父类表和子类表共同存储。对于子类中属于父类的属性存储在父类表中。使用这种映射策略不需要使用判别者列，但需要为每个子类使用key元素映射共有主键，该主键的列表必须与父类标识属性的列名相同。但如果继承树的深度很深，查询一个子类实例时，可能需要跨越多个表。

使用<joined-subclass>映射策略的映射文件Person.bhm.xml的具体内容如下：

```
<hibernate-mapping package="com.entity">
<class name="Person"table="person"><id name="id"type="java.lang.Long">
<column name="person id"/>
<generator class="identity"/>
```

```
</id>
<property name="name"type="string"column="person_name"/>
<property name="age"type="integer"column="person_age"/>
<joined-subclass name="Enployee"table="enployee">
<key column="person_id"/>
<property name="salary"type="double">
<column name="salary"/>
</property>
</joined-subclass>
<joined-subclass name="Student"table="student">
<key column="person id"/>
<property nane="major"type="java.lang.String">
<column name="major"/>
</property>
</joined-subclass>
</class>
</hibernate-mapping>
```

该映射文件中使用<joined-subclass>为每个子类指定了映射，name属性指定了子类，table属性指定映射的表，使用<key>元素指定映射父类中的键字段。

同样执行上节的持久化三个实例的代码，在数据库中将创建三个表：person表、emplyee表和student表。

8.3.2.3　每个具体类映射成一张表

采用每个具体类映射一张表使用<union-subclass>标记。采用这种映射策略，父类实例的数据保存在父表中，子类实例的数据仅保存在子表中。由于子类具有的属性比父类多，所以子类表的字段要比父类表的字段多。

在这种映射策略下，既不需要使用判别者列，也不需要<key>元素来映射共有主键。

如果单从数据库来看，几乎难以看出它们存在继承关系。

采用<union-subclass>标记的继承映射文件代码如下：

```
<hibernate-mapping package="com.entity">
```

```
<class name="Person"abstract="true">
<id name="id"type="java.lang.Long">
    <column="person_id">
    <generator class="assigned"/>
</id>
<property name="name" type="string" column="person_name" length="20"/>
<property name="age" type="integer" column="person_age"/>
<union-subclass name="Employee" table="employee">
    <property name="salary" type="double">
        <column name="salary"/>
    </property>
</unio -subclass>
< union-subclass name="Student" table="student">
    <property name="major" type="java.lang.String">
        <column name="major"/>
    </property>
  </union-subclass>
</class>
</hibernate-mapping>
```

假设将Person类定义为抽象类，Employee类和Student类定义为具体子类。对抽象类无须指定其映射的表，但其属性都需要指定相应的列名。对于每个子类，使用<union-subclass>来定义，需要指明子类映射的表及子类的字段。

在主类中假设执行下面代码：

```
Student stud=new Student(new Long(102)."李大海".23. "计算机科学");
Student stud2=new Student(new Long(101). "王小明".22."电子商务");
Eaployee emp =new Employee(new Long(301)."刘明".24.3800);
session.save(stud2);
session.save(stud);
session.save(emp);
```

将在student表中插入两条记录，在employee表中插入一条记录，这两个表的前三个字段名相同，最后一个字段是子类属性生成的字段。

可以看到，在这种映射策略下，不同持久化类实例保存在不同的表中，因此在加载实例时不会出现跨多个表取数据的情况。这种方式存储数据更符合数据库设计的原则。

8.4　Hibernate的开发过程

本节主要就Hibernate在集成开发工具MyEclipse中进行开发的步骤进行简要介绍。

开发步骤共分5步，分别为创建Hibernate的配置文件、创建表单（在数据库中）、创建持久化类、创建"对象关系"映射文件和实现通过Hibernate API编写访问数据库的代码。

（1）创建Hibernate的配置文件Hibernate.cfg.xml，具体如下。

```
<?xml version='1.0' encodings='UTF-8'?>
<!DOCTYPE hibernate-configuration PUBLIC
            "-//Hibernate/Hibernate Configuration DTD 2.0//EN"
            "http://hibernate.sourceforge.net/hibernate-configuration-2.0.dtd">
 <!--Generated by MyEclipse Hibernate Tools.-->
 <hibernate-configuration>
        <session-factory>
        <!--mapping files-->
        <property name="myeclipse.connection.profile">mysgl</property>
        <property nane="connection.url">jdbc:mysql://localhost：3306/
                        bookstoresql</property>
        <property name="connection.usernane">root</property>
        <property name="connection.password">123</property>
        <property name ="connection.driver_class">
                        com.mysql.jdbc.Driver</property>
        <property name ="dialect">net.sf.hibernate.dialect.
                        MysSQLDialect</property>
        </session-factory>
        </hibernate-configuration>
```

（2）创建数据库表。

创建数据库表book，其SQL语句如下：

```
create table book(id bigint not null auto_increment,title varchar(50)not null,price double,description varchar(200),primary key(id));
```

（3）创建持久化类。

```
public abstract class AbstractBook inplesents Serializable
public class Book extends AbstractBook
```

用MyEclipse自动从数据库表单生成两个类（一个抽象，一个具体），如果自己手工建，可以只生成一个具体类。

（4）创建"对象关系"映射文件Book.hbm.xml。

```
<hibernate-mapping package ="com.bcpl.hibernate.po">
    <class name ="Book"table="book">
        <id name ="id"column ="id"type="long">
            <generator class ="increment"/>
        </id>
        <property name ="isbnNumber" column="isbnNmber"
                  type="string" not-null ="true"/>
        <property name="title" column ="title"
                  type="string"not-null ="true"/>
        <property name ="price" column ="price"type ="double"/>
        <property name ="description"column="description"type="string"/>
    </class>
</hibernate-mapping>
```

在一般Java项目里，配置文件存放的路径为：自己的项目名称/hibernate.cfg.xml，自己的项目名称/hibernate，properties或自己的项目名称/包名/xxx.hbm.xml。

注意：项目名称必须设置在classpath中，在Web项目里，配置文件存放的路径为：自己的Web应用名/WEB-INF/classes/hibernate，cfg.xml.Web应用名/WEB-INF/classes/hibernate，properties或自己的Web应用名/WEB-INF/classes/包名/xxx.hbrm.xml。

（5）创建DAO通过用MyEclipse工具生成的HibernateSessionFactory来设定配置，并获得Session，代码如下。

```
public void addBook(Book b){
    Transaction tx=null;
```

```
try{
        Session sess=HibernateSeasiafactory.currentSessimn();//
                        HbernateSessionfactory.getSession();
        tx=sess.beginTransaction();
        sess.save(b);
        tx.cotmit();
}catch(Exception e){
            e.printStackTrace();
        if(tx!=null)
            try{
                tx.rollback();
            }catch(Exception ee){ee.printStackTrace();}
        }
}Finally{
        try{
            HibernateSessionfactory.closeSession();
        }catch(Exception ee){ee.printStackTrace();}
}
}
```

或者自己生成SessionFactory对象，并获得Session。

第一种用法，装载hibernate.properties文件

①生成SessionFactory对象。

```
//第一种用法，装载hibernate.properties文件
    SessionFactory sfactory=null;
    try{
        Configuration config=new Configuration();
        config.addClass(packageName.Book.class);
        //config.addClass("Book.hbm.xml");
        Sfactory=config.buildSessionFactory();
 }catch(Exception e)
    {e.printStackTrace();}
```

②创建hibernate.properties文件，内容如下。

```
hibernate.dialect=net.sf.hibernate.dialect.MySQLDialect
hibernate.connection.driver_class=com.mysql.jdbc.Driver hibernate.connection.
url=jdbc:mysql://1ocalhost：3306/test hibernate.connection.username=root
hibernate.connection.password=123
hibernate.show_sql=true
```

第二种用法，装载hibernate.cfg.xml文件。

①生成SessionFactory对象。

```
Sessionfactory sfactory=null;
    try{
        Confiqurationconfig=new Configuration();
        config.configure();
        sfactory=config.buildSessionFactory();
        //sfactory2=new Configuration().configure().buildSessionFactory();
    }catch(Exception e){
        e.printStackrTrace();
    }
```

Hibernate会自动在classpath中寻找相应的配置文件（hibernate.properties或hibernate.cfg.xml）。

②获得Session。

```
Session se=sfactory.openSession();
Transaction tx=null;
    try{
        tx=se.beginTransaction();
        //do some work se.delete("from Book as test")//!!!delete all books
        tx.comit();
    }catch(Exception e){
            If(tx!= null)
                tx.rollback();
            throw e;
    } finally{
            se.close();
    }
```

第9章

企业级Java Web开发架构与设计模式

Java Web是一款经典的后台管理开发框架，界面美观、开箱即用，拥有丰富的扩展组件和案例，适合各类中大型企业应用。本章主要对Java Web开发架构与设计模式进行叙述，包括Spring的骨骼架构、Spring的核心组件、Spring中AOP的特性、代理模式与策略模式、Spring MVC设计模式。

9.1 Spring的骨骼架构

Spring总共有十几个组件，但是真正核心的组件只有几个。Spring框架中的核心组件有三个：Core、Context和Bean。它们构建起了整个Spring的骨骼架构，没有它们就不可能有AOP、Web等上层的特性功能。下面将主要从这三个组件入手分析Spring。

9.1.1 Spring的设计理念

前面介绍了Spring的三个核心组件，如果要在它们三个中选出核心，那就非Bean组件莫属了。为何这样说？其实Spring就是面向Bean的编程（Bean Oriented Programming，BOP），Bean在Spring中才是真正的主角。

Bean在Spring中的作用就像Object对OOP的意义一样，没有对象的概念就像没有面向对象的编程，在Spring中没有Bean也就没有Spring存在的意义。就像一次演出，舞台都准备好了但是却没有演员一样。为什么要Bean这种角色或者Bean为何在Spring中如此重要，这由Spring框架的设计目标决定。Spring为何如此流行？我们用Spring的原因是什么？你会发现原来Spring解决了一个非常关键的问题，它可以让你把对象之间的依赖关系转而用配置文件来管理，也就是它的依赖注入机制。而这个注入关系在一个叫IoC的容器中管理，那么在IoC容器中又是什么？就是被Bean包裹的对象。Spring正是通过把对象包装在Bean中从而达到管理这些对象及做一系列额外操作的目的的。

它这种设计策略完全类似于Java实现OOP的设计理念，当然Java本身的设计要比Spring复杂太多，但是它们都是构建一个数据结构，然后根据这个数据结构设计它的生存环境，并让它在这个环境中按照一定的规律不停地运动，在它们的不停运动中设计一个系列与环境或者与其他个体完成信息交换。这样想来我们用到的其他框架大概都是类似的设计理念。

9.1.2 核心组件如何协同工作

前面说Bean是Spring中的关键因素，那么Context和Core又有何作用呢？前面把Bean比作一场演出中的演员，Context就是这场演出的舞台背景，而Core应该就是演出的道具了。只有它们在一起才能具备演一场好戏的最基本的条件。当然有最基本的条件还不能使这场演出脱颖而出，还需要它表演的节目足够精彩，这些节目就是Spring能提供的特色功能了。

我们知道Bean包装的是Object，而Object必然有数据，如何给这些数据提供生存环境就是Context要解决的问题，对Context来说它就是要发现每个Bean之间的关系，为它们建立这种关系并且维护好这种关系。所以Context就是一个Bean关系的集合，这个关系集合又叫IoC容器，一旦建立起这个IoC容器，Spring就可以为你工作了。Core组件又有什么用武之地呢？其实Core就是发现、建立和维护每个Bean之间的关系所需要的一系列工具，从这个角度来看，把Core组件叫作Util更能让你理解。

9.2　核心组件详解

Spring中两个最基本最重要的包是org.springframework、context和org.springframework、beans.factory，它们是Spring的IoC应用的基础。在这两个包中最重要的是Beanfactory和ApplicationContext（接口），Spring通过上述org.springframework、beans包中Bean Wrapper类来封装动态调用的细节问题，BeanFactory来管理各种Bean，使用ApplicationContext类框架来管理Bean，ApplicationContext在BeanFactory之上增加了其他功能，如国际化、获取资源事件传递等。

9.2.1　Bean组件

前面已经说明了Bean组件对Spring的重要性，下面看看Bean组件是怎么设计的。

Bean组件在Spring的org.springframework.beans包下。在这个包下的所有类主要解决了3件事：Bean的定义、Bean的创建及对Bean的解析。对Spring的使用者来说唯一需要关心的就是Bean的创建，其他两个由Spring在内部帮你完成，对你来说是透明的。

Spring Bean的创建是典型的工厂模式，它的顶级接口是BeanFactory。

BeanFactory有3个子类：ListableBeanFactory、HierarchicalBeanFactory

和Autowire CapableBeanFactory。但最终的默认实现类是DefaultListable BeanFactory，它实现了所有的接口。为何要定义这么多层次的接口呢？查阅这些接口的源码和说明可以发现每个接口都有它使用的场合，它主要是为了区分在Spring内部对象的传递和转化过程中，对对象的数据访问所做的限制。例如，ListableBeanFactory接口表示这些Bean是可列表的，而HierarchicalBeanFactory表示这些Bean是有继承关系的，也就是每个Bean有可能有父Bean，AutowireCapableBeanFactory接口定义Bean的自动装配规则。这4个接口共同定义了Bean的集合、Bean之间的关系和Bean的行为。

Bean的定义完整地描述了在Spring的配置文件中你定义的<bean/>节点中所有的信息，包括各种子节点。当Spring成功解析你定义的一个<bean/>节点后，在Spring的内部它就被转化成BeanDefinition对象，以后所有的操作都是对这个对象进行的。

Bean的解析过程非常复杂，功能被分得很细，因为这里需要被扩展的地方很多，必须保证有足够的灵活性，以应对可能的变化。Bean的解析主要就是对Spring配置文件的解析。

9.2.2 Context组件

Context在Spring的org.springframework.context包下，前面已经讲解了Context组件在Spring中的作用，它实际上就是给Spring提供一个运行时的环境，用以保存各个对象的状态。下面看一下这个环境是如何构建的。

ApplicationContext是Context的顶级父类，它除了能标识一个应用环境的基本信息外，还继承了5个接口，这5个接口主要是扩展了Context的功能。

ApplicationContext继承了BeanFactory，这也说明了Spring容器中运行的主体对象是Bean。另外ApplicationContext继承了ResourceLoader接口，使得ApplicationContext可以访问到任何外部资源，这些将在Core中详细说明。

ApplicationContext的子类主要包含两个方面：

（1）ConfigurableApplicationContext。表示该Context是可修改的，也就是在构建Context中，用户可以动态添加或修改已有的配置信息，它下面又有多个子类，其中最经常使用的是可更新的Context，即AbstractRefreshableApplicationCont ext类。

（2）WebApplicationContext。顾名思义就是为Web准备的Context，它可以直接访问ServletContext，在通常情况下，这个接口使用得很少。

再往下分就是构建Context的文件类型，接着就是访问Context的方式。这样一级一级构成了完整的Context等级层次。

总体来说，ApplicationContext必须要完成以下几件事情。

（1）标识一个应用环境。

（2）利用BeanFactory创建Bean对象。

（3）保存对象关系表。

（4）能够捕获各种事件。

Context作为Spring的IoC容器，基本上整合了Spring的大部分功能，或者说是大部分功能的基础。

9.2.3　Core组件

Core组件作为Spring的核心组件，其中包含了很多关键类，一个重要的组成部分就是定义了资源的访问方式。这种把所有资源都抽象成一个接口的方式很值得在以后的设计中拿来学习。

Resource接口封装了各种可能的资源类型，也就是对使用者来说屏蔽了文件类型的不同。对资源的提供者来说，如何把资源包装起来交给其他人用也是一个问题，Resource接口继承了InputStreamSource接口，在这个接口中有个getInputStream方法，返回的是InputStream类。这样所有的资源都可以通过InputStream类来获取，所以也屏蔽了资源的提供者。另外还有一个加载资源的问题，也就是资源的加载者要统一，这个任务是由ResourceLoader接口完成的，它屏蔽了所有的资源加载者的差异，只需要实现这个接口就可以加载所有的资源，它的默认实现是DefaultResourceLoader。

Context把资源的加载、解析和描述工作委托给了ResourcePattern Resolver类来完成，它相当于一个接头人，它把资源的加载、解析和资源的定义整合在一起便于其他组件使用。在Core组件中还有很多类似的方式。

9.2.4 IoC

Spring的核心机制就是IoC（控制反转）容器，IoC的另外一个称呼是依赖注入（DI），这两个称呼是从两个角度描述的同一个概念。IoC是一个重要的面向对象编程的法则，用来削减计算机程序的耦合问题，也是轻量级的Spring框架的核心。通过依赖注入,JavaEE应用中的各种组件不需要以硬编码的方法进行耦合，当一个Java实例需要其他Java实例时，系统自动提供需要的实例，无需程序显式获取。因此，依赖注入实现了组件之间的解耦。

依赖注入和控制反转含义相同，当某个Java对象（调用者）需要调用另一个Java对象（被调用者，即被依赖对象）时，传统的方法是由调用者采用“new被调用者”的方式来创建对象，这种方式会导致调用者和被调用者之间的耦合性增加，对项目的后期升级和维护不利。

在使用Spring框架后，对象的实例不再由调用者创建，而是由Spring容器来创建，Spring容器会负责控制程序之间的关系，而不是由调用者的程序代码直接控制。这样，控制权由应用程序代码转移到了Spring容器，控制权发生了反转，这就是Spring的控制反转。从Spring容器的角度来看，Spring容器负责将被依赖对象赋值给调用者的成员变量，这就相当于为调用者注入了它依赖的实例，这就是Spring的依赖注入。

Spring提倡面向接口的编程，依赖注入的基本思想是：明确地定义组件接口，独立开发各个组件，然后根据组件的依赖关系组装运行。

依赖注入的作用就是使用Spring框架创建对象时，动态地将其所依赖的对象注入Bean组件中，其实现主要有两种方式，一种是构造方法注入，另一种是属性setter方法注入。具体介绍如下。

9.2.4.1 构造方法注入

构造方法注入是指Spring 容器使用构造方法注入被依赖的实例，构造方法可以是有参的或者是无参的。在大多数情况下，我们都是通过构造方法来创建类对象，Spring也可以采用反射的方式，通过使用带参数的构造方法来完成注入，每个参数代表一个依赖，这就是构造方法注入的原理。这种注入方式，如果参数比较少，可读性还是不错的，但若参数很多，那么这种构造方法就比较复杂了，这个时候应该考虑属性setter方法注入。

下面通过示例来讲解构造方法注入。在spring-1项目中，在com.ssm.entity的包中，新建AdminInfo类，包括id、name、pwd三个属性，其中id属性使用setter方法注入，name和pwd属性使用构造方法注入，新建带两个参数的构造方法，代码如下：

```
package com.ssm.entity;
public class AdminInfo{
        private int id;
        private String name;
        private String pwd;
        public void setId(int id){
                this.id=id;
        }
        //省略原有getter/setter方法
        public AdminInfo(){
        }
        public AdminInfo(String name,String pwd){
                this.name=name;
                this.pwd=pwd;
        }
        public void print(){
                system.out.println(id+"--"+name +"--"+pwd);
        }
}
```

使用setter方法注入时，Spring通过JavaBean的无参构造方法实例化对象。当编写带参数构造方法后，Java虚拟机不会再提供默认的无参构造方法。为了保证使用的灵活性，建议自行添加一个无参构造方法。

修改Spring的配置文件applicationContext.xml，添加代码如下：

```
<bean id="adminInfo"class="com.ssm,entity.AdminInfo">
        <property name="id"value="5"></property>
        <constructor-arg name="name"value="admin"/>
        <constructor-arg name="pwd"value="123456"/>
```

```
</bean>
```

一个<constructor-arg>元素表示构造方法的一个参数，且使用时不区分顺序。当构造方法的参数出现混淆，无法区分时，可通过<constructor-arg>元素的index属性指定该参数的位置索引，索引从0开始。<constructor-arg>元素还提供了type属性用来指定参数的类型，避免字符串和基本数据类型的混淆。

新建测试类TestSpringConstructor，代码如下。

```
public class TestSpringconstructor{
    public static void main(String[]args)!
        //加载applicationContext.xml配置
        ApplicationContext ctx=new
ClassPathxmlApplicationContext("applicationContext,xml");
        //获取配置中的adminInfo实例
        AdminInfo adminInfo=(AdminInfo)ctx.getBean("adminInfo");
        adminInfo.print();
    }
}
```

运行测试类，控制台的运行结果为"5--admin--123456"，通过调用AdminInfo类中的print()方法，打印输出AdminInfo类中的属性值，属性值通过在applicationContext.xml的配置文件中注入实现。

9.2.4.2 属性setter方法注入

属性setter方法注入是指Spring容器使用setter方法注入被依赖的值或对象，是常见的一种依赖注入方式，这种注入方式具有高度灵活性。属性setter方法注入要求Bean提供一个默认的构造方法，并为需要注入的属性提供对应的setter方法。Spring先调用Bean的默认构造方法实例化Bean，然后通过反射的方式调用setter方法注入属性值。这种方式是Spring最主要的方式，在实际工作中使用广泛。

Spring配置文件从2.0版本开始采用schema形式，使用不同的命名空间管理不同类型的配置，使得配置文件更具扩展性。Spring基于schema的配置方案为许多领域的问题提供了简化的配置方法，大大降低了配置的工作量。下面讲解使用p命名空间来简化属性的注入，使用前要先添加p命名空间的声明，配置文件中的关键代码如下。

```
<?xml version="1.0"encoding="UTF-8"? >
<beans xmlns="http://www.springframework.org/schema/beans"
       xmlns:xsi="http://www.w3.org/2001/XMLSchema-instance"
       xmlns:p="http://www.springframework.org/schema/p"
xsi:schemalocation="http://www.springframework.org/schema/beans http://www.
   springframework.org/schema/beans/spring-beans.xsd">
       <!--使用p命名空间法注入值-->
       <bean id="admin"class="com.ssm.entity.AdminInfo"p:id="8"
p:name="yzpe"p:pwd="yzpc"/>
</beans>
```

为AdminInfo类中的name和pwd属性添加相应的setter方法，并修改TestSpringConstructor测试类，测试类的代码修改部分如下：

```
//获取配置中的AdminInfo实例
AdminInfo admin=(AdminInfo)ctx.getBean("admin");
//调用print方法
admin.print();
```

运行测试类，控制台的运行结果为“8--yzpe--yzpc”，使用p命名空间简化配置的效果很明显，其使用方式总结如下。

（1）对于直接量（基本数据类型、字符串）属性，使用方式如下：p：属性名“属性值”。

（2）对于引用Bean的属性，使用方式如下：p：属性名-ref=“Bean的id”。

了解两种注入方式后，下面以属性setter方法注入为例，实现一个简单的登录验证，下面讲解Spring容器在程序中是如何实现依赖注入的。

（1）将项目spring-1复制并重命名为“spring-2”，再导入到Eclipse开发环境中。

（2）编写DAO层。

在项目spring-2的src目录下，新建包com.ssm.dao，在包中新建一个接口UserDAO.java，在接口中添加方法login()，代码如下：

```
package com.ssm.dao;
public interface UserDAO{
public boolean login(String loginName,String loginPwd);
```

创建接口UserDAO的实现类UserDAOImpl，新建包com.ssm.dao.impl，创建

接口UserDAO的实现类UserDAOImpl，实现login()方法，代码如下：

```
package com.ssm.dao.impl;
import com.ssm.dao.UserDAO;
public class UserDAOImpl implements UserDAO{
    @Override
    public boolean login(String loginName,String loginPwd){
        if(loginName.equals("admin")s&loginPwd.equals("123456")){
            return true;
        }
        return false;
    }
}
```

在登录验证时为了简化DAO层代码，暂时没有用到数据库。如果用户名为“admin”，密码为“123456”，则登录成功。

（3）编写Service层。在src目录下新建包com.ssm.service，在包中新建一个接口UserServicejava，在接口中添加方法login()，代码如下：

```
package com.ssm.service;
public interface UserService(
public boolean login(String loginName,string loginPwd);
```

创建接口UserService的实现类UserServiceImpl.java，存放在com.ssm.service.impl包中，实现login()方法，代码如下：

```
package com.ssm.service.impl;
import com.ssm.dao.UserDAO;
import com.ssm.service.UserService;
public class UserserviceImplimplements UserService{
    //使用接口UserDAO声明对象，添加setter方法，用于依赖注入
UserDAO userDAO;
    public void setUserDAO(UserDAO userDAO){
        this.userDAO=userDAO;
    }
    //实现接口中的方法
    @override
```

```
        public boolean login(String loginName,String loginPwd){
        //调用userDAO中的login()方法
        return userDAO.login(loginNane,loginPwd);
        }
    }
```

在上述代码中，没有采用传统的new UserDAOImpl0方式获取数据访问层UserDAOImpl类的实例，只是使用UserDAO接口声明了对象userDAO，并为其添加setter方法，用于依赖注入。UserDAOImpl类的实例化和对象userDAO的注入将在applicationContext.xml配置文件中完成。

（4）配置applicationContext.xml文件。

创建UserDAOImpl类和UserServiceImpl类的实例，需要添加<bean>标记，并配置其相关属性，代码如下：

```
<!--配置创建UserDAOImpl的实例-->
<bean id="userDA0"class="com.ssm.dao.impl.UserDAOImpl"></bean>
<!--配置创建UserserviceImpl的实例-->
<bean id="userservice"class="com.ssm.service.impl.UserServiceImpl">
    <!--属性setter方法依赖注入数据访问层组件-->
    <pxoperty name="userDAO"ref="userDAO"/>
</bean>
```

<bean>元素用来定义Bean的实例化信息，class属性指定类全名（包名+类名），id属性指定生成的Bean实例名称。上述配置中，首先通过一个<bean>元素创建UserDAOImpl类的实例，在使用另一个<bean>元素创建UserServicelmpl类的实例时，使用了<property>元素，该元素是<bean>元素的子元素，用于调用Bean实例中的相关setter方法完成属性值的赋值，从而实现依赖关系的注入。<property>元素中的name属性指定Bean实例中的相应属性的名称，这里将name属性设置为userDAO，代表UserServiceImpl类中的userDAO属性需要注入值。name属性的值可以通过ref属性或者value属性指定。当使用ref属性时，表示对Spring IoC容器中某个Bean 实例的引用。这里引用了前一个<bean>元素中创建的UserDAOImpl类的实例userDAO，并将该实例赋值给UserServiceImpl类中的userDAO属性，从而实现了依赖关系的注入。UserServiceImpl类的userDAO属性值是通过调用setUserDAO()方法完成注入的，这种注入方式称为设值注入，设值注入方式是Spring推荐使用的。

（5）编写测试类。

在com.ssm包中创建测试类TestSpringDI，代码如下：

```
package com.ssm;
import org.springframework.context.ApplicationContext;
    import org.springframework.context.support.
ClassPathXmlApplicationContext;
    import com.ssm.service.UserService;
    public class TestSpringDI{
     public static void main(String[]args){
     //加载applicationContext.xml配置
     ApplicationContext ctx=new
ClassPathxmlApplicationContext("applicationContext.xml");
     //获取配置中的UsersServiceImpl实例
     UserService userService=(UserService)ctx.getBean("userService");
     boolean flag=userservice.login("admin","123456");
     if(flag){
            System.out,println（"登录成功"）;
     }else{
            System.out.println("登录失败"）;
            }
     }
}
```

在测试类TestSpringDI中，首先通过ClassPathXmlApplicationContext类加载Spring配置文件applicationContext.xml，然后从配置文件中获取UserServiceImpl类的实例，最后调用login()方法。运行测试类，当用户名为“admin”、密码为“123456”时，控制台输出“登录成功”，否则输出“登录失败”。

9.3　Spring中AOP的特性

AOP（Aspect Oriented Programming），也叫面向方面编程，AOP是软件开发中的一个热点，也是Spring框架中的一个重要内容。AOP实际是GoF设计模式的延续，设计模式追求的是调用者和被调用者之间的解耦，AOP即为实现此目标，AOP设计的目标并不是为了取代OOP，它们两者承担的角色不同，将职责各自分配给Object与Aspect，会使得程序中各个组件的角色更为清楚。

实现AOP的技术，主要分为两大类：采用静态织入的方式，引入特定的语法创建“方面”，从而使得编译器可以在编译期间织入有关“方面”的代码。在代码的编译阶段植入Pointcut的内容。优点是性能好，但灵活性不够。

采用动态代理技术，利用截取消息的方式，对该消息进行装饰，以取代原有对象行为的执行；在代码执行阶段，在内存中截获对象，动态地插入Pointcut的内容。优点是不需要额外的编译，但是性能比静态织入要低。

下面介绍一个完整的Spring AOP具体实现过程。该程序模拟用户登录身份验证过程，假设用户通过login.jsp页面输入相应的用户名和密码之后，首先Spring AOP的环绕通知验证该用户名和密码是否符合要求，若符合要求，则到数据库中查找该用户，若用户存在，将该用户相关的信息写入日志。

Spring AOP编程如下：

（1）创建Web Project项目和添加Spring。

（2）编写接口类IUser.java和实现类UserImpl.java，接口类IUser.java代码如下：

```
package fw.spring.aop;
public interface IUser public void Login(String usermame,String password);
```

实现类UserImpl.java代码如下：

```
package fw.spring.acp;
public class UserImpl implements IUser{
```

public void Login(String userame，String password)

System.out.printin（“程序正在执行类名：fw.spring.aop.UserImpl 方法名：Login”）；

（3）编写BaseLoginAdvice类实现前置通知接口（MethodBeforeAdvice）、环绕通知接口（Methodinterceptor）、后置通知接口（AfterReturningAdvice）这三个接口。

```
package fw.spring.aop;
import java lang.reflect.Method;
import org aopalliance.interceptMethodinterceptor;
import org.aopalliance.intercept.MethodInvocation;
import org.springframework.aop.AferRetumingAdvice;
import org.springframework.aop.MethodBeforeAdvice;
public abstract class BaseLoginAdvice implements
MethodBeforeAdvice,MethodInterceptor,AfterRetuningAdvice{
    /**
    @param return Value目标方法返回值
    *@param method目标方法

    @param args方法参数
    *@param target目标对象
    */
    @Override
    public void afterReturning(Object return Value,Method method,Object[]
  args,Object target)throws Throwable{
throw new UnsupportedOperationException("Exception");
  }
  /**
  *@param invocation目标对象的方法
  */
  @Override
  public Object invoke(MethodInvocation invocation)throws Throwable{
throw new UnsupportedOperationException("Exception");
```

```
    }
    /**
    *@param method将要执行的目标对象方法
    *@param args方法的参数
    *@pararn target目标对象
    */
    @Override
    public void before(Method method,Object[]args,Object target)throws
Throwable{
        throw new UnsupportedOperationException("Exception");
    }
    }
```

（4）编写LoginAdviceSupport类继承BaseLoginAdvice类，并重写BaseLoginAdvice类的三个方法，代码如下：

```
package fw.spring.aop;
import java.lang.reflect.Method;
import org aopalliance.intercept.MethodInvocation;
public class LoginAdvicesupport extends BaseloginAdvice{
        /**
    *若在数据库中存在指定的用户，将用户登录信息写入日志文件
    *@param return Value目标方法返回值
    *@param method目标方法
    *@paran args方法参数
    *@param target目标对象
    */
 @Override
    public void afterReturning(Object return Value,Method method,
        Object[]args,Object target)throws Throwable{
        Systern.out.println("------程序正在执行类名：fw.spring.aop.
LoginAdviceSupport方法名：afterReturning------");
        //将用户登录信息写入日志文件
    }
```

```
/**
*验证用户输入是否符合要求
*@pararn invocation目标对象的方法
*/
@Override
public Object invoke(MethodInvocation invocation)throws Throwable{
 System.out.println("------程序正在执行类名：fw.spring.aop.
LoginAdviceSupport方法名：invoke------");
String usermame=invocation.getArguments()[0].toString();
    String password=invocation.getArguments()[1].toString();
    //在这里进行相关的验证操作
    //假设验证通过
    return invocation.proceed();
}
/**
*在数据库中查找指定的用户是否存在
*@param method将要执行的目标对象方法
*@paramargs方法的参数
*@param target目标对象
/*
@Override
public void before(Method method,Object[]args,Object target)
        throws Throwable{
    System.out.println("------程序正在执行类名：fw.spring.aop.
LoginAdvicesupport方法名：before------");
    String username=(String)args[0];
    String password=(String)args[1];//在这里进行数据库查找操作
}
}
```

（5）修改applicationContext.xml配置文件，代码如下：

```
<?xml version-"1.0"encoding-"UTF-8">
<beans
```

```
xmins="http://www.springframework.ong/schema/beans"
xmlnsxsi="http://www.w3.org/2001/XMLSchema-instance"
xmins:aop="http://www.springframework.org/schema/sop"
xmins:tx="http://www.springframework.org/schema/tx"
    xsi:schemalocation="http://www.springframework.org/schema/beans
http://www.springframework.org/schema/beans/spring-beans-3.1.xsd
http://www.springfrarnework.org/schema/tx http://www.springframework.
org/schema/tx/spring-tx-3.1.xsd
    http://www.springframework.org/schema/aop http://www.
springframework.org/schema/aop/spring-aop-3.1.xsd">
<bean id="loginAdvice"class="fw.spring.aop.LoginAdviceSupport"></bean>
<bean id="userTarget"class="fw.spring.aop.Userlmpl"></bean>
<bean id="user"class="org.springframework.aop.framework.
ProxyFactoryBean">
<property name="proxyInterfaces">
<value>fw.spring.aop.IUser</value>
</property>
<property name="interceptorNames">
</list>
<value>loginAdvices</value>
<list>
</propertys>
<property name="target">
<ref bean="userTarget">
</property>
</bean>
</beans>
```

注意上述参数中Spring的版本要和项目中导入的Spring版本一致。

（6）编写主程序文件ConsoleApp.java测试，代码如下：

```
package fw.spring.aop;
import org.springframework.context.ApplicationContext;
import org.springframework.context.support.ClassPathXmlApplicationContext;
```

```
public class ConsoleApp{
        public static void main(String[]args){
                //TODO Auto-generated method stub
                ApplicationContext ctx=new
ClassPathXmlApplicationContext("applicationcontext. xml");
                IUser user=(IUser)ctx.getBean("user");
                user.Login("username","123456");
        }
}
```

9.4 代理模式与策略模式

9.4.1 代理模式

生活中的租房中介、售票黄牛、婚介、经纪人、快递、事务代理、非侵入式日志监听等，都是代理模式的实际体现。代理模式（Proxy Pattern）的定义也非常简单，是指为其他对象提供一种代理，以控制对这个对象的访问。代理对象在客户端和目标对象之间起到中介作用，代理模式属于结构型设计模式。使用代理模式主要有两个目的：一是保护目标对象，二是增强目标对象。

Subject是顶层接口，RealSubject是真实对象（被代理对象），Proxy是代理对象，代理对象持有被代理对象的引用，客户端调用代理对象的方法，同时也调用被代理对象的方法，但是会在代理对象前后增加一些处理代码。在代码中，一般代理会被理解为代码增强，实际上就是在原代码逻辑前后增加一些代码逻辑，而使调用者无感知。代理模式属于结构型模式，分为静态代理和动态代理。

9.4.1.1　代理模式在Spring源码中的应用

先看ProxyFactoryBean核心方法getObject()，源码如下：

```
public Object getobject()throws BeansException{
        initializeAdvisorChain();
        if(issingleton()){
            return getSingletonInstance();
        }
        else{
          if(this.targetName=-null){
            logger.warn（"Using non-singleton proxies with singleton targets is
often undesirable,"+"Enable prototype proxies by setting the'targetName'property."）;
          }
          return newPrototypeInstance();
        }
}
```

在getObject()方法中，主要调用getSingletonInstance()和newPrototypeInstance()。在Spring的配置中如果不做任何设置，那么Spring代理生成的Bean都是单例对象。如果修改scope，则每次创建一个新的原型对象.newPrototypeInstance()里面的逻辑比较复杂，我们后面再做深入研究，这里先做简单了解。

Spring利用动态代理实现AOP时有两个非常重要的类：JdkDynamicAopProxy类和CglibAopProxy类。

9.4.1.2　Spring中的代理选择原则

（1）当Bean有实现接口时，Spring就会用JDK动态代理。

（2）当Bean没有实现接口时，Spring会选择CGLib代理。

（3）Spring可以通过配置强制使用CGLib代理，只需在Spring的配置文件中加入如下代码：

```
<aop:aspectj-autoproxy proxy-target-class="true"/>
```

9.4.1.3 静态代理和动态代理的本质区别

（1）静态代理只能通过手动完成代理操作，如果被代理类增加了新的方法，代理类需要同步增加，违背开闭原则。

（2）动态代理采用在运行时动态生成代码的方式，取消了对被代理类的扩展限制，遵循开闭原则。

（3）若动态代理要对目标类的增强逻辑进行扩展，结合策略模式，只需要新增策略类便可完成，无须修改代理类的代码。

9.4.1.4 代理模式的优缺点

代理模式具有以下优点：

（1）代理模式能将代理对象与真实被调用目标对象分离。

（2）在一定程度上降低了系统的耦合性，扩展性好。

（3）可以起到保护目标对象的作用。

（4）可以增强目标对象的功能。

当然，代理模式也有缺点：

（1）代理模式会造成系统设计中类的数量增加。

（2）在客户端和目标对象中增加一个代理对象，会导致请求处理速度变慢。

（3）增加了系统的复杂度。

9.4.2 策略模式

策略模式（Strategy Pattern）是指定义了算法家族并分别封装起来，让它们之间可以互相替换，此模式使得算法的变化不会影响使用算法的用户。

9.4.2.1 策略模式在JDK源码中的体现

首先来看一个比较常用的比较器——Comparator接口，大家常用的compare()方法就是一个策略模式的抽象实现：

```
public interface Comparatorc<T>{
        int compare(T o1，T o2);
...
}
```

Comparator接口下面有非常多的实现类，我们经常会把Comparator接口作为传入参数实现排序策略，例如Arrays类的parallelSort()方法等

```
public class Arrays{
        ...
        public static <T> void parallelSort(T[]a，int fromIndex,int
                                          toIndex,Comparator<?super T> cmp){
        ...
        }
        ...
}
```

还有TreeMap类的构造方法：

```
public class TreeMap<K,V>
        extends AbstractMap<K,V>
        implements NavigableMap<K,V>,Cloneable,Java.io.Serializable
{
        ...
        public TreeMap(Comparator<?super K> comparator){
                this.comparator=comparator;
        }
...
}
```

这就是策略模式在JDK源码中的应用。下面我们来看策略模式在Spring源码中的应用，来看Resource接口：

```
package org.springframework.core.io;
import java.io.File;
import java.io.IOException;
import java.net.URI;
import java.net.URL;
```

```
import java.nio.channels.Channels;
import java.nio.channels.ReadableByteChannel;
import org.springframework.lang.Nullable;
public interface Resource extends InputStreamSource{
    boolean exists();
    default boolean isReadable(){
        return true;
    }
    default boolean isopen() {
        return false;
    }
    default boolean isFile() {
        return false;
    }
    URL getURL() throws IOException;
    URI getURI() throws IOException;
    File getFile() throws IOException;
    default ReadableByteChannel readableChannel() throws IOException{
        return Channels.newChannel(this.getInputStream());
    }
    long contentLength() throws IOException;
    long lastModified() throws IOException;
    Resource createRelative(String var1) throws IOException;
    @ Nullable
    String getFilename();
    string getDescription();
}
```

还有一个非常典型的场景，Spring的初始化也采用了策略模式，即不同类型的类采用不同的初始化策略。有一个InstantiationStrategy接口，我们来看一下源码：

```
package org.springframework.beans.factory.support;
import java.lang.reflect.Constructor;
```

```
import java.lang.reflect.Method;
import org.springframework.beans.BeansException;
import org.springframework.beans.factory.BeanFactory;
import org.springframework.lang.Nullable;
public interface Instantiationstrategy{
      Obiect instantiate(RootBeanDefinition var1,@Nullable String
var2,BeanFactory var3)throws BeansException;
       Obiect instantiate(RootBeanDefinition var1,@aNullable String
var2,BeanFactory var3,Constructor<?> var4,@Nullable object…var5）throws
BeansException;
       Obiect instantiate(RootBeanDefinition var1,@aNullable string
var2,Beanfactory var3,@Nullable obiect var4,Method vars,@Nullable object…var6)
throws BeansException;
```

9.4.2.2 策略模式的优缺点

策略模式的优点如下：

（1）策略模式符合开闭原则。

（2）策略模式可避免使用多重条件语句，如if.else句、switch语句。

（3）使用策略模式可以提高算法的保密性和安全性。

策略模式的缺点如下：

（1）客户端必须知道所有的策略，并且自行决定使用哪一个策略类。

（2）代码中会产生非常多的策略类，增加了代码的维护难度。

9.5 Spring MVC设计模式

9.5.1 Spring MVC工作原理

Spring MVC是Spring框架中用于Web应用开发的一个模块，是Spring提供的一个基于MVC设计模式的轻量级Web框架。Spring框架提供了构建Web应用程序的全功能MVC模块。Spring MVC框架本质上相当于Servlet，提供了一个DispatcherServlet作为前端控制器来分派请求，同时提供灵活的配置处理程序映射、视图解析、语言环境和主题解析，并支持文件上传。

在Spring MVC框架中，Controller替代Servlet担负控制器的职能，Controller接收请求，调用相应的Model进行处理，处理器完成业务处理后返回处理结果。Controller调用相应的View并对处理结果进行视图渲染，最终传送响应消息到客户端。由于Spring MVC的结构Spring MVC分离了控制器、模型对象、分派器以及处理程序对象的角色，这种分离让它们更容易进行定制。Spring MVC框架无论是在框架设计还是扩展性、灵活性等方面都全面超越了Struts2等MVC框架，而且它本身就是Spring框架的一部分，与Spring框架的整合可以说是无缝集成，性能方面具有天生的优越性。

Spring MVC的工作流程如下：

（1）客户端请求提交到DispatcherServlet。

（2）由DispatcherServlet 控制器寻找一个或多个HandlerMapping，找到处理请求的Controller。

（3）DispatcherServlet将请求提交到Controller。

（4）Controller调用业务逻辑处理后返回 ModelAndView。

（5）DispatcherServlet寻找一个或多个ViewResolver 视图解析器，找到ModelAndView指定的视图。

（6）视图负责将结果显示到客户端。

9.5.2　Spring MVC环境搭建

Spring MVC框架所需的jar文件包含在Spring框架的资源包中，如下所示：

（1）spring-web-5.0.4.RELEASE.jar：在Web应用开发时使用Spring框架所需的核心类。

（2）spring-webmvc-5.0.4.RELEASE. jar:Spring MVC框架相关的所有类，包含框架的Servlet、Web MVC框架，以及对控制器和视图的支持。

下面搭建Spring MVC的开发环境，建立一个简单的Spring MVC程序帮助读者理解Spring MVC程序的开发步骤。

（1）创建Web项目，添加所需要的jar包。

（2）在web.xml文件中，配置Spring MVC的前端控制器DispatcherServlet。

Spring MVC是基于Servlet的框架，DispatcherServlet是整个Spring MVC框架的核心，它负责接受请求并将其分派给相应的处理器处理，关键配置代码如下：

```
<!--配置Spring MVC的前端控制器 DispatcherServlet-->
<servlet>
    <servlet-name>dispatcherServlet</servlet-name>
    <servlet-class>org.springframework.web.servlet.Dispatcherservlet
    </servlet-class>
    <!--初始化参数，配置Spring MVC配置文件的位置及名称-->
    <init-param>
        <param-name>contextConfigLocation</param-name>
        <param-value>classpath:springmvc.xml</param-value>
    </init-param>
    <!--表示容器在启动时，立即加载 dispatcherServlet-->
    <load-on-startup>1</load-on-startup>
</servlet>
<!--让Spring MVC的前端控制器拦截所有的请求-->
<servlet-mapping>
```

```
        <servlet-name>dispatcherServlet</servlet-name>
        <url-pattern>/</url-pattern>
    </servlet-mapping>
```

上述配置的目的在于，让Web容器使用Spring MVC的DispatcherServlet，并通过设置url-pattern为“/”，将所有的URL请求都映射到这个前端控制器DispatcherServlet。在配置DispatcherServlet的时候，通过设置 contextConfigLocation参数来指定Spring MVC配置文件的位置，此处使用Spring资源路径的方式进行指定。

（3）创建Spring MVC的配置文件。

在项目springmvc-1的src目录下创建Spring MVC配置文件springmvc.xml，在该配置文件中，我们使用Spring MVC最简单的配置方式进行配置，主要配置如下：

```
    <?xml version="1.0"encoding="UTE-8"?>
    <beans xmlns="http://www.springframework.org/schema/beans"
        xmlns:xsi=http://www.w3.org/2001/XMLSchema-instance
        xmlns:aop="http://www.springframework.org/schema/aop"
        xmlns:context="http://www.springframework.org/schema/context"
        xmlns:mvc="http://www.springframework.org/schema/mvc"
            xsi:schemaLocation="http://www.springframework.org/schema/beans
            http://www.springframework.org/schema/beans/spring-beans.xsd
        http://www.springframework.org/schema/context
        http://www.springframework.org/schema/context/spring-context.xsd
            http://www.springframework.org/schema/mve http://www.
        springframework.org/schema/mvc/spring-mvc.xsd">
        <!--配置处理器Handle，映射为"/hel1o"请求-->
        <bean name="/hello"class="com.springmve.controller.HelloController"/>
        <!--配置视图解析器，将控制器方法返回的逻辑视图解析为物理视图
-->
        <bean class="org.springframework.web.servlet.view
    .InternalResourceViewResolver">
        </bean>
    </beans>
```

在springmvc.xml文件中，首先要引入beans、aop、context和mvc命名空间，然后主要完成配置处理器映射和配置视图解析器。

①配置处理器映射。在前面的web.xml里配置了DispatcherServlet，并配置了哪些请求需要通过此Servlet进行处理，接下来DispatcherServlet要将一个请求交给哪个特定的Controller处理？它需要咨询一个名为HandlerMapping的Bean，之后把URL请求指定给一个Controller处理（就像web.xml文件使用<servlet-mapping>将URL映射到相应的Servlet上）。Spring提供了多种处理器映射（HandlerMapping）的支持，例如：

org.springframework.web.servlet.handler.BeanNameUrlHandlerMapping

org.springframework.web.servlet.SimpleUrlHandlerMapping

org.springframework.web.servlet.mvc.annotation.
DefaultAnnotationHandlerMapping

org.springframework.web.servlet.mvc.method.annotation.
RequestMappingHandlerMapping

可以根据需求选择处理器映射，这里我们选择BeanNameUrlHandlerMapping，若没有明确声明任何处理器映射，Spring会默认使用BeanNameUrlHandlerMapping，即在Spring容器中查找与请求URL同名的Bean，通过声明HelloController业务控制器类，将其映射到/hello请求。

②配置视图解析器。处理请求的最后一件事就是解析输出，该任务由视图（这里使用JSP）实现，那么需要确定：指定的请求需要使用哪个视图进行请求结果的解析输出？DispatcherServlet会查找到一个视图解析器，将控制器返回的逻辑视图名称转换成渲染结果的实际视图。Spring提供了多种视图解析器，例如：

org.springframework.web.servlet.view.InternalResourceViewResolver

org.springframework.web.servlet.view.ContentNegotiating ViewResolver

在springmvc.xml配置文件中，并没有配置处理器映射和处理器适配器，当用户没有配置这两项时，Spring会使用默认的处理器映射和处理器适配器处理请求。

（4）创建处理请求的控制器类。

在项目的src目录下创建包com.springmve.controller，在包中创建类HelloController java，并实现Controller接口中的handleRequest方法，用来处理hello请求，代码如下：

package com.springmvc.controller;

```
import javax.servlet.http.HttpServletRequest;
import javax.servlet.http.HttpServletResponse;
import org.springframework.web.servlet.ModelAndView;
import org.springframework.web.servlet.mvc.Controller;
public class HelloController implements Controller{
    @Override
    public ModelAndview handleRequest(HttpServletRequest
req,HttpServletResponse res)throws Exception{
            System.out.println（"Hello,Spring MWC!"）;//控制台输出
        ModelAndView mv=new ModelAndView();
            mv.addobject("msg","这是第一个Spring MVC程序!");
            mv.setViewName（"/ch06/first.jsp"）;
        return mv;
    }
}
```

上述代码中，HelloController是一个实现Controller接口的控制器，它可以处理一个单一的请求动作。handleRequest是Controller接口必须实现的方法，该方法必须返回一个包含视图名或视图名和模型的ModelAndView对象，该对象既包含视图信息，也包含模型数据信息。这样Spring MVC就可以使用视图对模型数据进行解析。本例返回的模型中包含一个名为“msg”的字符串对象，返回的视图路径为/cho6/first.jsp，因此，请求将被转发到cho6路径下的first.jsp页面。

ModelAndView对象代表Spring MVC中呈现视图界面时所使用的Model（模型数据）和View（逻辑视图名称）。由于Java一次只能返回一个对象，所以ModelAndView的作用就是封装这两个对象，一次返回我们所需要的Model和View。当然，返回的模型和视图也都是可选的，在一些情况下，模型中没有任何数据，那么只返回视图即可，或者只返回模型，让Spring MVC根据请求URL来决定。

（5）创建视图页面。在项目的WebContext路径下创建ch06文件夹，在ch06文件夹中创建JSP视图页面first.jsp，并在该视图页面上通过EL表达式输出“msg”中的信息，代码如下：

```
<%@ page language="java"contentrype="text/html;charset=UTF-8"
pageEncoding="UTF-8"%>
```

```
<!DocTYPE htmlPUBLIC"-//W3C//DTD HTML4.01 Transitional//EN"
"http://www.w3.org/TR/html4/loose,dtd">
<html>
<head>
<meta http-equiv="Content-Type"content="text/html;charset=UTE-8">
<title>Spring MVC的入门程序</title>
</head>
<body>
    ${msg}
</body>
</html>
```

（6）部署项目，启动Tomcat测试。将项目springmvc-1发布到Tomcat中，并启动Tomcat服务器，在浏览器地址栏中访问http://localhost：8080/springmve-l/hello。

从运行效果可以看到，浏览器中已经显示出了模型对象的字符串信息，控制台窗口中输出了“这是第一个Spring MVC程序！”提示，这也就说明第一个Spring MVC程序执行成功。

使用MVC框架就应该遵守MVC思想，MVC框架不赞成浏览器直接访问Web应用的视图页面，用户的所有请求都只应向控制器发送，由控制器调用模型组件、视图组件向用户呈现数据。

```
<!DOCTYPE html PUBLIC "-//W3C//DTD HTML 4.01 Transitional//EN" "http://www.w3.org/TR/html4/loose.dtd">
<html>
<head>
<meta http-equiv="Content-Type" content="text/html; charset=UTF-8">
<title>Spring MVC的入门程序</title>
</head>
<body>
    ${msg}
</body>
</html>
```

（6）部署项目，启动Tomcat服务器。[illegible] Tomcat [illegible] http://localhost:8080/springmvc-1/hello。

[illegible] Spring MVC [illegible] Spring MVC [illegible]

[illegible] MVC [illegible] MVC [illegible] MVC [illegible] Web [illegible]

第10章

Web编程架构与SSM框架整合开发

Web编程是一个典型的分布系统，有必要了解分布式计算的体系结构、Web编程的软件分层结构、Web编程的设计模式，这是提高软件质量、软件可重用性和维护性的重要技术，是编写高质量Web程序必须掌握的知识。

10.1 分布式计算的体系结构

Web编程是一个典型的分布式系统，采用浏览器/服务器架构，客户端只是一个简单的浏览器，服务器包括Web服务器、应用服务器、数据库服务器。这些客户和服务器分布在不同的地方，是整个网络中的不同节点，它们分工合作，共同完成任务，形成一个有机的整体。

在分布式系统中，一个应用会被划分为若干稍小的部件，并同时运行在不同的计算机上。这种计算方式又被称为“网络计算”，因为这些部件通常会通过建立在TCP/IP或者UDP协议之上的某些协议进行通讯。这些稍小的应用部件被称为“级”，每一级都可以向其他连接级独立提供服务。而“级”又可以被细化为若干

“层”，以便降低功能的粒度。大多数应用都具有三个不同的层。

•表现层（UI）：负责用户接口。接受用户输入，显示处理结果。

•业务逻辑层（BLL）：执行业务逻辑。在运行过程中，它还会与数据访问层进行交互。

•数据访问层（DAL）：负责对存储在企业信息系统或数据库中的数据进行存取等操作。

10.1.1 单级结构

单级结构的使用可以追溯到使用简易终端连接巨型主机的时代。在这种结构中，用户接口、业务逻辑以及数据等所有应用构成层都被配置在同一个物理主机中。用户通过终端机或控制台与系统进行交互，见图10-1。

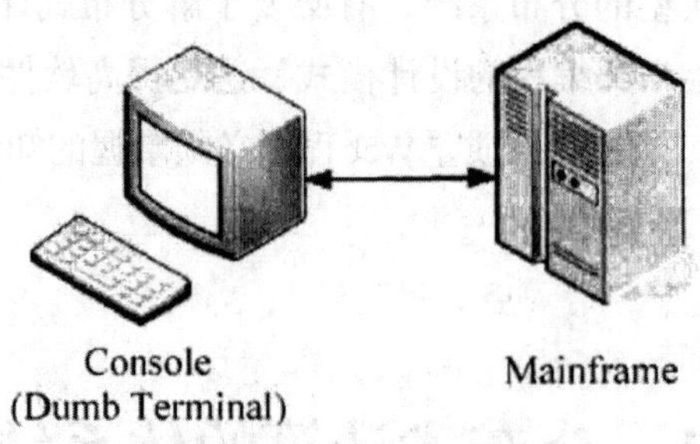

图10-1 单级结构

10.1.2 两级结构

在20世纪80年代早期，个人电脑（PC）变得非常流行，它比大型主机便宜，处理能力又比简易终端之类的设备强。PC的出现为真正的分布式（客户端/服务器，C/S）计算铺平了道路。作为客户端的PC现在可以独立运行客户接口（UI）程序，同时它还支持图形化客户接口（GUI），允许用户输入数据，并与服务器主机进行交互，而服务器主机现在只负责业务逻辑和数据的部分。当用户在客户端完成数据录入后，GUI程序可以选择性地进行数据有效性校验，之后将数据发送给服务器进行业务逻辑处理。Oracle基于表单的应用就是两级结构的优秀范例。表单的GUI存储在客户端PC中，而业务逻辑（包括代码以及存储过程）以及数据仍然保留在Oracle的数据库服务器中。[①]

之后又出现了另外一种两级结构，见图10-2，在这种结构中，不只是用户接口（UI），连业务逻辑也被放到了客户端一级。这种应用的典型运行方式是客户端可以直接连接数据库服务器进行各种数据库查询。这种客户端被称作“胖客户端”，因为这种结构将可执行代码的相当大一部分都放到了客户端一级。

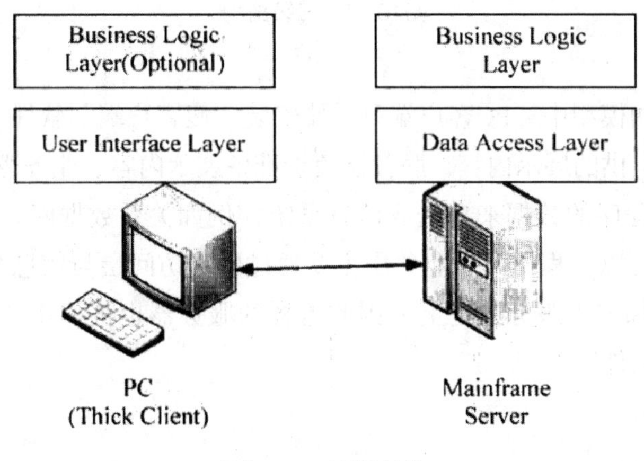

图10-2 两级结构

10.1.3 三级结构

尽管两级“胖客户端”应用的开发很简单，但是任何用户接口或者业务逻辑的改变所导致的软件升级都需要在所有客户端上进行，将耗费大量的时间和精力。幸运的是，在20世纪90年代中期，硬件成本已经变得越来越低，CPU的运算能力却得到了巨大提升。与此同时，互联网的发展非常迅速，互联网应用的发展趋势已经逐渐显现，两者的结合最终导致了三级结构的产生，见图10-3。

---

① 郭路生，杨选辉.Java Web编程技术[M].北京：清华大学出版社，2016.

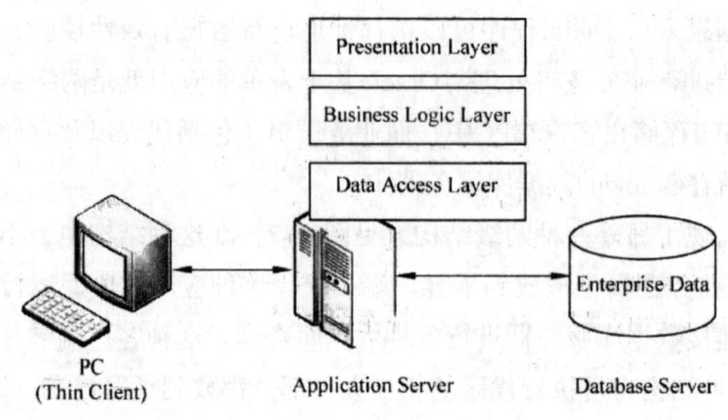

图10-3 三级结构

在三级结构模型中，PC客户端只需要安装“瘦客户端”软件（比如浏览器）来显示服务器提供的展示内容，服务器负责准备展示内容、业务逻辑以及数据访问逻辑，应用程序的数据来自企业信息系统，例如关系数据库。在这样的系统中，业务逻辑可以远程访问。业务层主要通过数据访问层与信息系统实现交互。因为整个应用都位于服务器之上，因此这样的服务器也被称作“应用程序服务器”或者“中间件”。

10.1.4 N级结构

随着互联网带宽的不断提高，全世界的各大企业都相继启动了其网络服务。这种变化导致应用服务器无法继续承担表现层的巨大负荷。这项任务现在已经由专门负责产生展示内容的网页服务器所承担。展示内容被传送到客户端级的浏览器上，浏览器会负责将用户接口表现出来。N级结构中的应用服务器负责提供可远程访问的业务逻辑组件，而表现层网页服务器则使用网络协议通过网络访问这些组件。图10-4展示了N级结构。N级结构表现层由Web服务器承担，减轻了应用服务器的负担；另外Web服务器和应用服务器的物理隔离有利于控制网络安全。

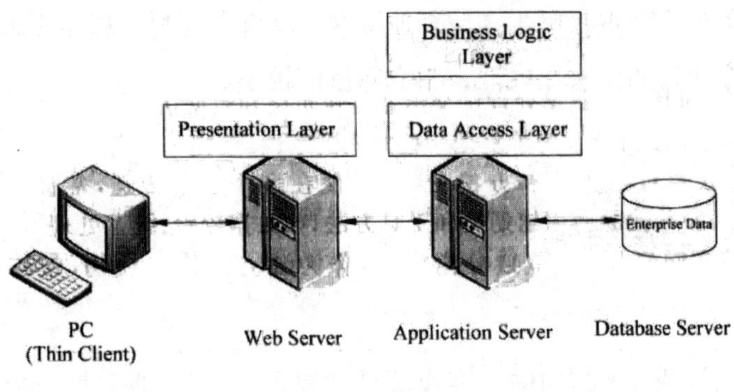

图10-4　N级结构

10.2　软件逻辑分层结构

分布式系统的体系结构划分主要是从物理结构上来划分的，每一级都是一个独立的部件，如客户机、Web服务器、应用服务器、数据库服务器。但从软件设计者或使用者的角度来看，整个分布式系统是一个整体，是一个完整的应用软件，可以从逻辑上划分为表现层、业务逻辑层、数据访问层，这些层可以部署在不同的级上。

10.2.1　两层结构

在两级结构中，客户端是“胖客户端”。表现层和业务逻辑层都部署在客户端，而且这两层紧密结合在一起，并没有明显的界限，通常被看作成一层，为一个客户端软件；数据访问层部署在服务器端，形成C/S结构的典型两层结构。

两层结构的优点是开发过程比较简单，利用客户端的程序直接访问数据库，部署起来较方便；缺点是因表现层和业务逻辑结合在一起，程序代码维护起来比较困难，程序执行的效率比较低，用户容量比较小。

10.2.2 三层结构

在三级结构或N级结构中，客户端是“瘦客户端”，通常是一个浏览器。表现层和业务逻辑层是分开的，整个业务应用划分为表现层、业务逻辑层、数据访问层，形成所谓的三层结构。这里所说的三层体系，不是指物理上的三层，不是简单地放置三台机器就是三层体系结构，也不仅仅只有B/S应用才是三层体系结构。三层是指逻辑上的三层，即使这三个层放置到一台机器上。如在三级结构中这三层都部署在应用服务器中，在N级结构中表现层部署在Web服务器，而业务逻辑层和数据访问层部署在应用服务器中。

常规三层结构基本包括如下几个部分，如图10-5所示。日常开发的很多情况下为了复用一些共同的东西，会把一些各层都用的东西抽象出来。如我们将数据对象实体和方法分离，以便在多个层中传递，常被称业务实体为(Entity)层。一些共性的通用辅助类和工具方法，如数据校验、缓存处理、加解密处理等，为了让各个层之间复用，也单独分离出来，作为独立的模块使用，常称为通用类库(Common)层。此时，三层结构会演变为如图10-6所示的情况。

图10–5 常规三层结构

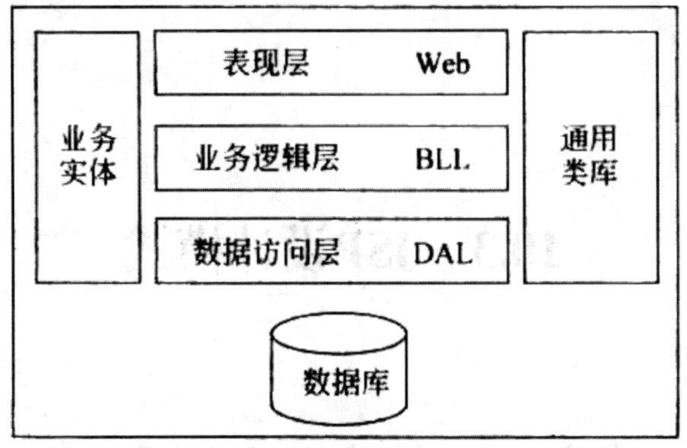

图10-6　三层结构的演变结果

我们也可以将对数据库的共性操作抽象封装成数据操作类（例如数据库连接和关闭），以便更好地复用和使代码简洁。数据库底层使用通用数据库操作类来访问数据库，最后完整的三层结构如图10-7所示。①

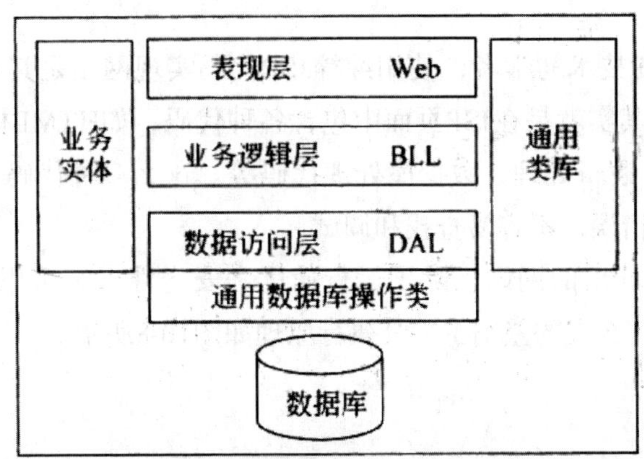

图10-7　完整的三层结构

① 郭路生，杨选辉.Java Web编程技术[M].北京：清华大学出版社，2016.

10.3 JSP设计模式

使用Java Web技术实现时可以借助于多种相关的开发技术，如常见的JavaBean、Servlet等，也可以使用支持MVC (Model View Controller)的设计框架，常见的框架有Struts、Spring、JSF等。

10.3.1 单一JSP模式

作为一个JSP技术初学者，使用纯粹JSP代码实现网站是其首选。在这种模式中实现网站，其实就是在JSP页面中包含各种代码，如HTML标记、CSS标记、JavaScript标记、逻辑处理、数据库处理代码等。这么多种代码，放置在一个页面中，如果出现错误，不容易查找和调试。

这种模式设计出的网站，除了运行速度和安全性外，采用JSP技术或采用ASP技术就没有什么大的差别了。其执行原理如图10-8所示。

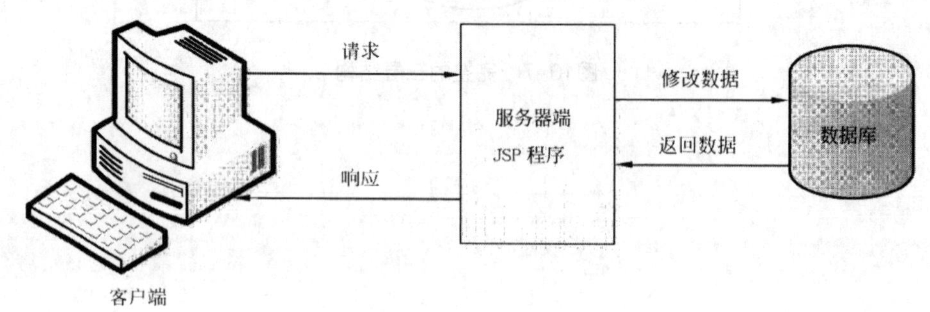

图10-8 单一JSP模式

10.3.2　JSP+JavaBean模式

对单一模式进行改进，将JSP页面响应请求转交给JavaBean处理，最后将结果返回客户。所有的数据通过bean来处理，JSP实现页面的显示。JSP+JavaBean模式技术实现了页面的显示和业务逻辑相分离。在这种模式中，使用JSP技术中的HTML、CSS等可以非常容易地构建数据显示页面，而对于数据处理可以交给JavaBean技术，如连接数据库代码、显示数据库代码。将执行特定功能的代码封装到JavaBean中时，同时也达到了代码重用的目的。如显示当前时间的JavaBean，不仅可以用在当前页面，还可以用在其他页面。

这种模式的使用，已经显示出JSP技术的优势，但并不明显。因为大量使用该模式形式，常常会导致页面被嵌入大量的脚本语言或者Java代码，特别是在处理的业务逻辑很复杂时。综上所述，该模式不能够满足大型应用的要求，尤其是大型项目，但是可以很好地满足中小型Web应用的需要，其执行原理如图10-9所示。

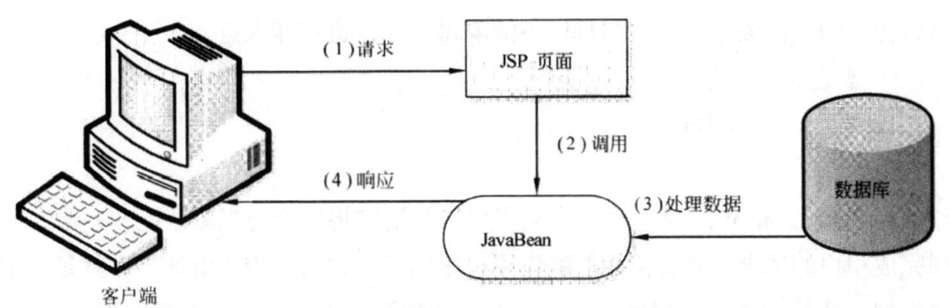

图10-9　JSP+JavaBean解决Web问题

10.3.3　JSP+JavaBean+Servlet模式

MVC(Model View Controller)是一个设计模式，它强制性地使应用程序的输入、处理和输出分开。使用MVC的应用程序被分成三个核心部件：模型、视图、控制器，每个部分各自处理自己的任务。

10.3.3.1 视图

视图(View)代表用户交互界面，对于Web应用来说可以概括为HTML界面，也可以是XHTML、XML和Applet。随着应用的复杂性和规模性增加，界面的处理也变得具有挑战性。一个应用可能有很多不同的视图，MVC设计模式对于视图的处理仅限于视图上数据的采集和处理，以及用户的请求，而不包括在视图上的业务流程的处理。业务流程的处理交给模型处理。例如，一个订单的视图只接受来自模型的数据并显示给用户，以及将用户界面的输入数据和请求传递给控制和模型。

10.3.3.2 模型

模型(Model)就是业务流程/状态的处理以及业务规则的制定。业务流程的处理过程对其他层来说是黑箱操作，模型接受视图请求的数据，并返回最终的处理结果。业务模型的设计可以说是MVC最主要的核心。MVC设计模式告诉我们，把应用的模型按一定的规则抽取出来，抽取的层次很重要，这也是判断开发人员是否优秀的设计依据。抽象与具体不能隔得太远，也不能太近。[①]

10.3.3.3 控制器

控制器(Controller)可以理解为从用户接收请求将模型与视图匹配在一起，共同完成用户的请求。划分控制层的作用也很明显，它清楚地告诉你，它就是一个分发器，选择什么样的模型，选择什么样的视图，可以完成什么样的用户请求。控制层并不做任何的数据处理。例如，用户单击一个链接，控制层接受请求后并不处理业务信息，它只把用户的信息传递给模型，告诉模型做什么，选择符合要求的视图返回给用户。因此，一个模型可能对应多个视图，一个视图可能对应多个模型。

模型、视图与控制器的分离，使得一个模型可以具有多个显示视图。如果用户通过某个视图的控制器改变了模型的数据，所有其他依赖于这些数据的视图都

---

① 王占中，崔志刚.Java Web 开发实践教程[M].北京：清华大学出版社，2016.

会反映出这些变化。因此，无论何时发生了何种数据变化，控制器都会将变化通知所有的视图，导致显示的更新。

JSP+JavaBean+Servlet技术组合很好地实现了MVC模式，其中，View通常是JSP文件，即页面显示部分；Controller用Servlet来实现，即页面显示的逻辑部分实现；Model通常用服务端的JavaBean或者EJB实现，即业务逻辑部分的实现，其形式如图10-10所示。

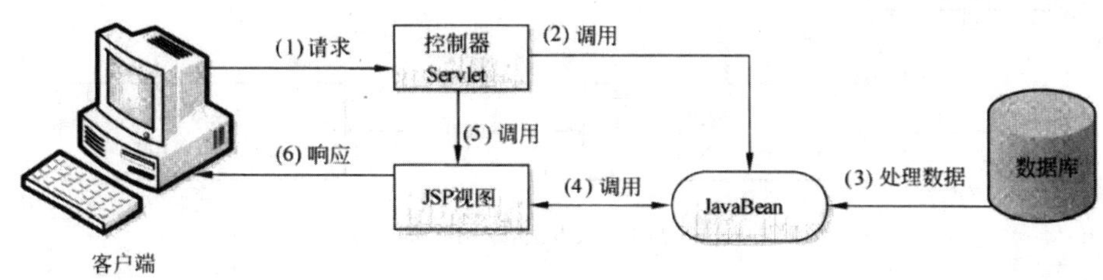

图10-10　MVC模式

10.3.4　Struts模式

除了以上这些模式之外，还可以使用框架实现JSP应用，如Struts、JSF等框架。本节以Struts为例，介绍如何使用框架实现JSP网站。Struts由一组相互协作的类、Serveltl以及丰富的标签库和独立于该框架工作的实用程序类组成。Struts有自己的控制器，同时整合了其他的一些技术去实现模型层和视图层。在模型层，Struts可以很容易地与数据访问技术相结合，包括EJB、JDBC和Object Relation Bridge。在视图层，Struts能够与JSP、XSL等等这些表示层组件相结合。

Struts框架是MVC模式的体现，可以分别从模型、视图、控制来了解Struts的体系结构(Architecture)。如图10-11所示显示了Struts框架的体系结构响应客户请求时候，各个部分工作的原理。

在图10-11中可以看到，当用户在客户端发出一个请求后，Controller控制器获得该请求会调用struts-config.xml文件找到处理该请求的JavaBean模型。此时控制权转交给Action来处理，或者调用相应的ActionForm。在做上述工作的同时，控制器调用相应的JSP视图，并在视图中调用JavaBean或EJB处理结果。最后直接转到视图中显示，在显示视图的时候需要调用Struts的标签和应用程序的属性文件。

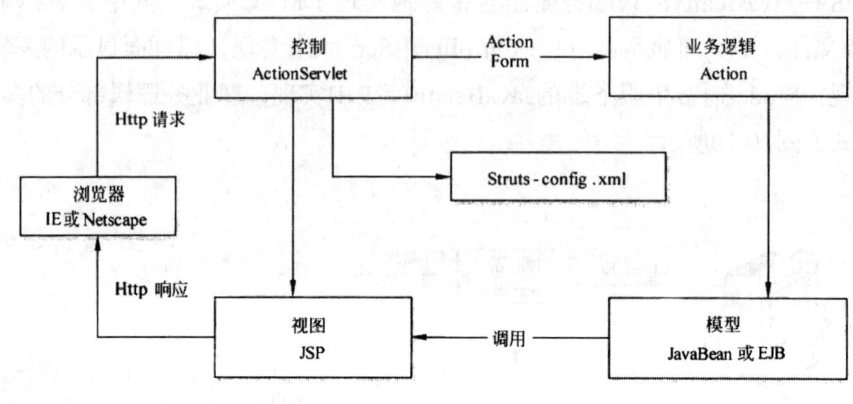

图10-11 Struts体系结构

10.3.5 J2EE模式实现

Struts等框架的出现已经解决了大部分JSP网站的实现，但还不能满足一些大公司的业务逻辑较为复杂、安全性要求较高的网站实现。J2EE是JSP实现企业级Web开发的标准，是纯粹基于Java的解决方案。1998年，Sun发布了EJB 1.0标准。EJB为企业级应用中必不可少的数据封装、事务处理、交易控制等功能提供了良好的技术基础。至此，J2EE平台的三大核心技术Servlet、JSP和EJB都已先后问世。

1999年，Sun正式发布了J2EE的第一个版本。到2003年时，Sun的J2EE版本已经升级到了1.4版，其中三个关键组件的版本也演进到了Servlet 2.4、JSP 2.0和EJB 2.1。至此，J2EE体系及相关的软件产品已经成为Web服务端开发的一个强有力的支撑环境。在这种模式里，EJB替代了前面提到的JavaBean技术。

J2EE设计模式由于框架大，不容易编写，不容易调试，比较难以掌握，目前只是应用在一些大型的网站上。J2EE应用程序是由组件构成的。J2EE组件是具有独立功能的软件单元，它们通过相关的类和文件组装成J2EE应用程序，并与其他组件交互，如图10-12所示。

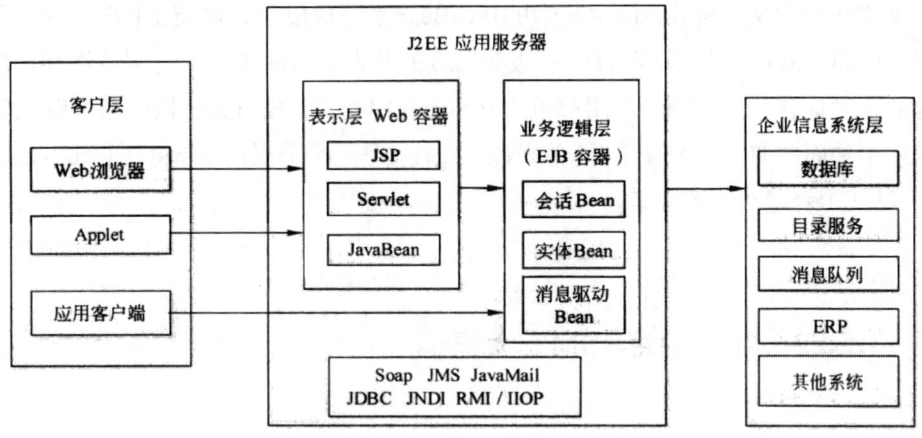

图10-12　J2EE体系结构

10.4　SSM框架整合开发

10.4.1　什么是SSM框架

SSM框架（即Spring、SpringMVC和MyBatis框架）是当前开发Java Web应用最主流的框架集合。

MyBatis是一款优秀的持久层框架，它支持定制化SQL、存储过程以及高级映射。MyBatis避免了几乎所有的JDBC代码和手动设置参数以及获取结果集。MyBatis可以使用简单的XML或注解来配置和映射原生信息，将接口和Java的POJOs（Plain Old Java Objects，普通的Java对象）映射成数据库中的记录。

SpringMVC：视图层框架——用于后台java程序和前台jsp页面进行连接（功能类似于servlet）。

Spring是一个开源框架，它是于2003年兴起的一个轻量级的Java开发框架，它是为了解决企业应用开发的复杂性而创建的。框架的主要优势之一就是其分层架构，分层架构允许使用者选择使用哪一个组件，同时为J2EE应用程序开发提供集成的框架。Spring使用基本的JavaBean来完成以前只可能由EJB完成的事情。然而，Spring的用途不仅限于服务器端的开发。从简单性、可测试性和松耦合的角度而言，任何Java应用都可以从Spring中受益。Spring的核心是控制反转（IoC）和面向切面（AOP）。简单来说，Spring是一个分层的JavaSE/EE full-stack（一站式）轻量级开源框架。

10.4.2 如何使用SSM三大框架

10.4.2.1 搭建框架环境

搭建SSM框架的步骤如下：

（1）准备好三大框架所需要的jar包，一共是20个jar包，还有一个是连接mysql数据库的包，所以一共是21个jar包，如图10-13所示。

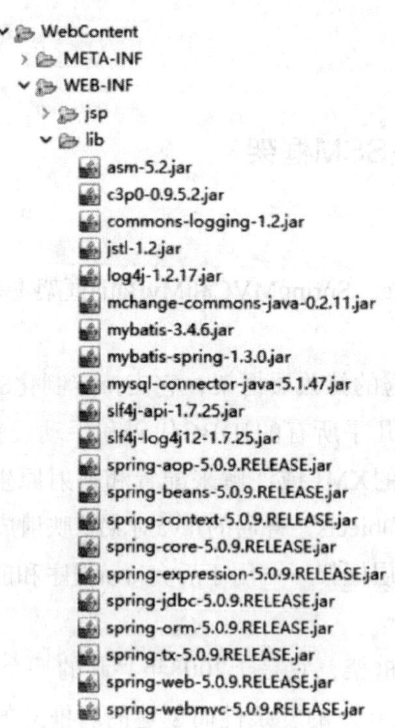

图10-13 SSM框架需要的jar包

（2）在IDE中创建一个web project，并把刚才所准备的21个jar包粘贴到lib文件夹中，如图10-14所示。

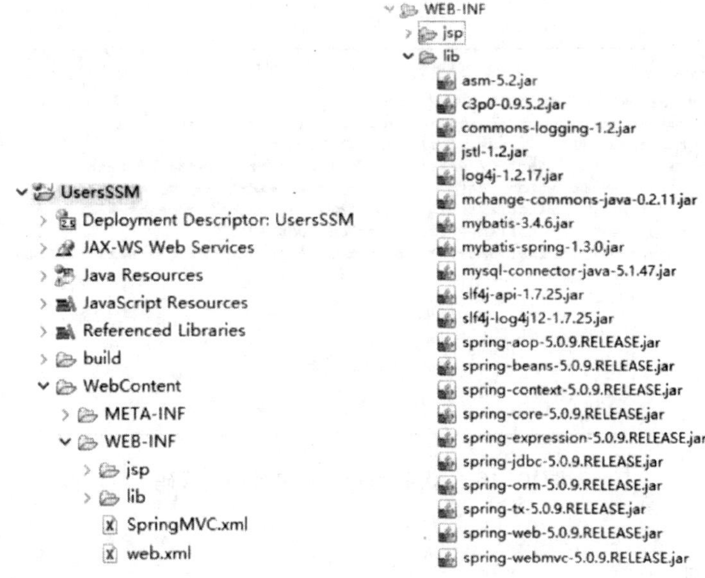

图10-14　将jar包粘贴到项目的lib文件夹中

（3）在src文件夹下创建一个spring框架的配置文件，并命名为application.xml，如图10-15所示。

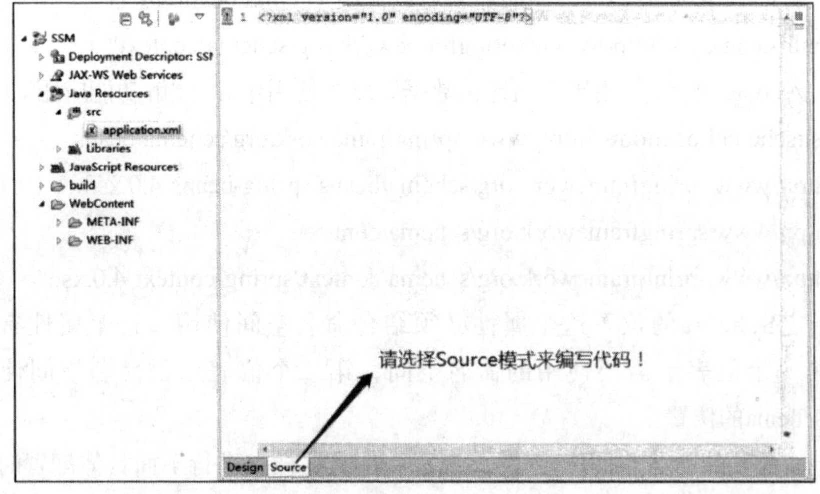

图10-15　创建application.xml文件

（4）在application.xml配置文件中第二行也就是<?xml version="1.0" encoding="UTF-8"?>这句话的下面写一对<beans></beans>标签，并在开始的<beans>标签里要写上声明头如图10-16所示。

```
application.xml
1  <?xml version="1.0" encoding="UTF-8"?>
2  <beans xmlns="http://www.springframework.org/schema/beans"
3         xmlns:xsi="http://www.w3.org/2001/XMLSchema-instance"
4         xmlns:context="http://www.springframework.org/schema/context"
5         xsi:schemaLocation="http://www.springframework.org/schema/beans
6         http://www.springframework.org/schema/beans/spring-beans-4.0.xsd
7         http://www.springframework.org/schema/context
8         http://www.springframework.org/schema/context/spring-context-4.0.xsd">
9
10 </beans>
```

图10-16 application.xml文件中的代码

代码说明：

xmlns="http://www.springframework.org/schema/beans"

声明xml文件默认的命名空间，表示未使用其他命名空间的所有标签的默认命名空间。

xmlns:xsi="http://www. w3.org/2001/XMLSchema-instance"

声明XMLSchema实例，声明后就可以使用schemaLocation属性。

xmlns:context="http://www.springframework.org/schema/context"

引入context标签，用于下面连接数据库以及使用spring注解功能应用。

xsi:schemaLocation="http://www.springframework.org/schema/beans

http://www.springframework.org/schema/beans/spring-beans-4.0.xsd

http://www.springframework.org/schema/context

http://www.springframework.org/schema/context/spring-context-4.0.xsd">

指定Schema的位置这个属性必须结合命名空间使用。这个属性有两个值，第一个值表示需要使用的命名空间，第二个值表示供命名空间使用的XMLSchema的位置。

上面配置的命名空间指定了xsd规范文件，这样在进行下面具体配置时就可以根据这些xsd规范文件给出相应的提示，比如每个标签是怎么写的，都有些什么属性是可以智能提示的，在启动服务时也会根据xsd规范对配置进行校验。

（5）开始配置spirng配置文件里面的内容，无先后顺序，先配置哪个都可以，这里先配置c3p0连接数据库，首先要在src根目录下创建一个连接数据库的配置文件名为db.properties，如图10-17所示。①

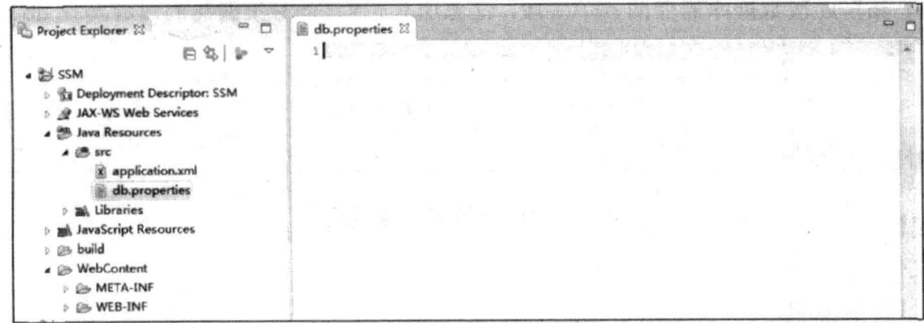

图10-17　创建 db.properties 文件

在配置文件中配置以下信息：

· 登录数据库账号。

· 登录数据库密码。

· 数据库连接驱动。

· 数据库链接地址。

具体配置代码如图10-18所示。

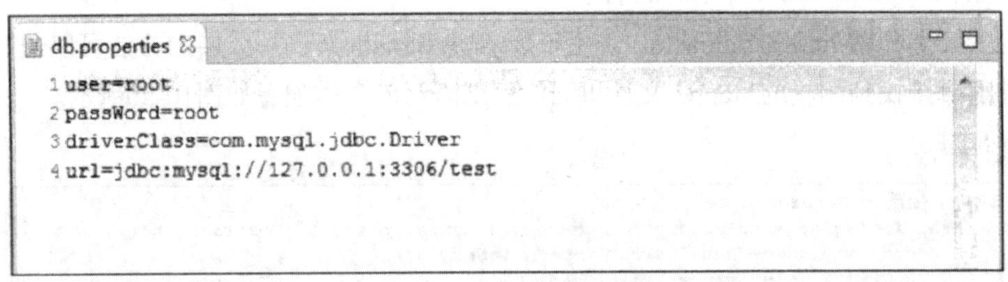

图10-18　配置数据库信息

（6）连接数据库文件我们已经准备好，下面就继续回到spring配置文件中开

---

① 郭路生，杨选辉.Java Web编程技术[M].北京：清华大学出版社，2016.

始配置c3p0连接池，在<beans>头标签和</beans>结束标签的中间来配置相关信息，如图10-19所示。

```
<!-- c3p0连接池 -->
<context:property-placeholder location="classpath:db.properties"/>

<bean id="dataSource" class="com.mchange.v2.c3p0.ComboPooledDataSource">
    <property name="user" value="${user}"/>
    <property name="driverClass" value="${driverClass}"/>
    <property name="password" value="${passWord}"/>
    <property name="jdbcUrl" value="${url}"/>
</bean>
```

图10-19 配置c3p0连接池

代码说明：

<context:property-placeholder location=":这里面写的是读者自己创建的数据库连接文件的名字"/>

<bean id="dataSource" class="com.mchange.v2.c3p0.ComboPooledDataSource">

<property name="user" value="S{user}"/>

<property name="driverClass" value="${driverClass}">

<property name="password" value="${passWord}"/>

<property name="jdbcUrI" value="${url}"/>

</bean>:指定连接数据库需要的各个字段，注意所有带${}符号里面写的内容是在db.properties文件中起的名字。

（7）配置SqlSessionFactory，用于加载MyBatis框架，持久层的方法可以通过映射直接找到相应的Mapper文件里面的SQL语句，具体配置如图10-20所示。

```
<!-- 配置SqlSessionFactory -->
<bean id="sqlSessionFactory" class="org.mybatis.spring.SqlSessionFactoryBean">
    <property name="dataSource" ref="dataSource"/>
    <property name="mapperLocations">
        <list>
            <value>classpath:com/mr/mapper/*-Mapper.xml</value>
        </list>
    </property>
    <property name="typeAliasesPackage" value="com.mr.entity"/>
</bean>
```

图10-20 配置SqlSessionFactory

代码说明：

<bean>标签里两个属性。

id="SqlSessionFactory"语句，可以理解固定这么写，因为这个id值需要和接下来要写的java代码里的一个属性相对应。

class="org.mybatis.spring.SqlSessionFactoryBean"固定写法，因为这是加载MyBatis框架下的类，也就是说class属性里面写的值是这个类的全路径名称。

第一个<property/>标签里两个属性。

name="dataSource"固定对象名。

ref="dataSource"中的ref是引用的作用，此句代表只想有一个id为"dataSource"的源（在Spring配置文件中第一个配置的<bean>）。

第二个<property></property>。

mapperLocations属性使用一个资源位置的list。这个属性可以用来指定MyBatis的XML映射器文件的位置。它的值可以包含Ant样式加载的一个目录中所有文件，或者从基路径下递归搜索所有路径。

会加载所指定的路径下所有MyBatis的SQL映射文件。

第三个<property/>配置实体类的包路径，其作用在于，以后在写入Mapper文件中时，如果参数或者返回值是实体类对象，那么可以直接写实体类映射名字，不需要写全类名。

通过以上配置，就能成功地把Spring和MyBatis框架整合到一起，下面先来编写持久层和业务逻辑层，先看一下MyBatis到底是怎么用的，这些都完成以后最后完成控制层和视图层。

10.4.2.2 创建实体类

首先，对照数据库的表创建一个实体类，内容如图10-21所示。

根据这张表我们创建一个java实体类，并在里面声明私有属性和对应的公有方法。

```
package com.mr.entity;
import org.apache.ibatis.type.Alias;
import org.springframework.stereotype.Component;
@Alias("usersBean")
@Component
```

```
public class UsersBean {
   private int uId;
   private String uName;
   private int uAge;
   private String uAddress;
   private String uTel;
   public int getuId() {
      return uId;
   }
   public void setuId(int uId) {
   this.uId = uId;
   }
   public String getuName(){
   return uName;
   }
   public void setuName(String uName) {
      this.uName = uName;
   }
   public int getuAge(){
      return uAge;
   }
   public void setuAge(int uAge) {
      this. uAge = uAge;
   }
   public String getuAddress(){
      return uAddress;
   }
   public void setuAddress(String uAddress) {
      this.uAddress = uAddress;
   }
   public String getuTel(){
      return uTel;
```

```
    }
    public void setuTel(String uTel) {
        this.uTel = uTel;
    }
}
```

Users类上方写的注解就是对该类的映射，而且@Alias这个注解需要导入包，以后在Mapper文件中可以直接调用这个名字无须写类名及完整类名，因为在Spring的配置文件中已经完成了相关配置。

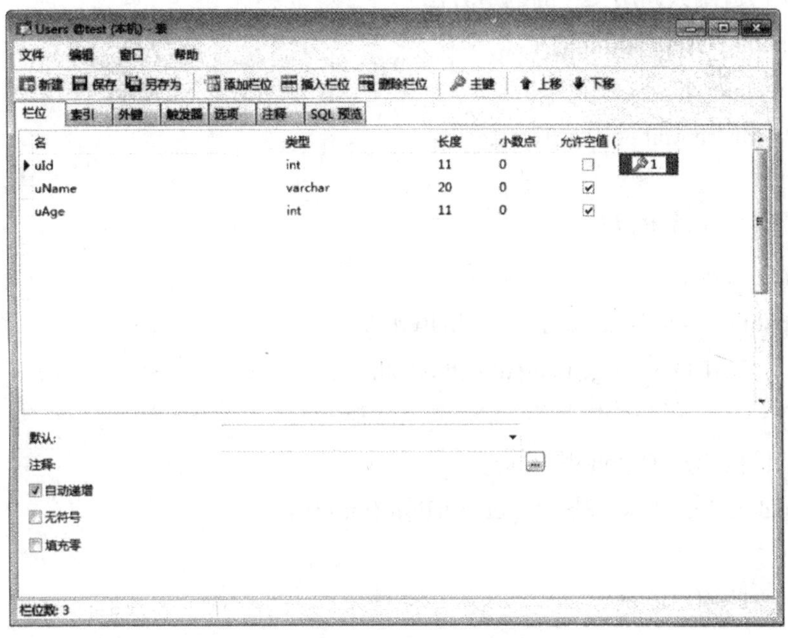

图10-21 实例数据表结构

10.4.2.3 编写持久层

首先要创建UsersDao接口以及UsersDaoImpl实现类，因为DaoImpl类里面要写具体的CRUD方法，必然会用到提到的上述3个对象，现在这3个对象都封装到一个叫BaseDaoImpl的类中，所以在创建UsersDaoImpl类时，不但要实现UsersDao接口，还要继承BaseDaoImpl类并重写本类的构造方法，在构造方法中调用父类的构造方法，这样程序就可以获得Mapper对象。

```
package com.mr.dao.impl;
import java.util.List;
import org.springframework.stereotype.Repository;
import com.mr.dao.UserDao;
import com.mr.entity.UsersBean;
@Repository
public class UserDaoImpl extends BaseDaoImpl<UserDao> implements UserDao {
    //构造函数调用父类的构造方法
    public UserDaoImpl() {
        super();
        this.setMapper(UserDao.class);
    }
    //查询所有用户
    @Override
    public List<UsersBean> getAllUser(){
        //TODO Auto-generated method stub
    }
    //根据用户ID查询用户信息
    public List<UsersBean> getUserById(int id) {
    }
    //修改用户信息
    public void updUser(UsersBean usersBean) {
    }
    //删除用户
    @Override
    public void delUser(int uId) {
        //TODO Auto-generated method stub
    }
}
```

通过调用父类里面的构造方法和setMapper()方法可以将接口类型传过去，这样程序就可以通过该类型找到对应的映射文件了。

10.4.2.4　编写业务层

MyBatis框架的3个对象封装完毕，接下来开始准备写功能代码。先来完成getAllUser()方法，此方法写起来很简单，这是一个查询所有方法并且返回一个List的集合。

```
//查询所有用户
  @Override
  public List<UsersBean> getAllUser() {
    //TODO Auto-generated method stub
    return this.getMapper().getAllUser();
  }
```

上面代码中，通过调用父类的getMapper()方法可以直接让程序找到对应的映射文件，至于后面的.getAllUser()的作用是用于在Mapper文件中找到具体的SQL语句，接下来要写Mapper文件并在该映射文件中完成一条SQL语句。

首先创建一个XML文件并命名为*****-Mapper.xml，*号部分的内容是读者可以自主修改的名字，建议要和实体类同名，由于书中实体类叫Users，那么先为文件命名为Users-Mapper.xml。

创建完Mapper文件以后首先要写一对标签<mapper></mapper>，mapper标签中namespace属性的值是要设定该Mapper文件要和哪个接口对应，这里需要写全路径，因为所做的是查询操作，所以要在这一对mapper标签的中间编写查询标签<select>，代码如下：

```
<?xml version= "1.0" encoding= "UTF-8"?>
<!DOCTYPE mapper PUBLIC "-//mybatis.org//DTD Mapper 3.0//EN"
"http://mybatis.org/dtd/mybatis-3-mapper.dtd">
<mapper namespace= "com. mr. dao. UserDao">
  <select id="getAllUser" resultType= "usersBean ">
    select * from users
  </select>
</mapper>
```

select标签中id属性的值是查询方法里getMapper()后面接口的名字。

resultType属性是查询结果返回值类型是什么，因为在方法中设定返回值Users类型的List，所以在这个属性里，直接把返回值类型设定成实体类类型。

截至目前持久层、实体类都已经完成了，接下来实现业务层，先创建业务层接口service，再创建业务层的实现类serviceImpl，并在实现类上面写上注解@service("userService")，在业务层的注解括号里参数部分要特别声明一个名字，这个名字在后面Controller类里创建Service对象时需要根据这个名字来匹配。

先通过Spring注解的方式把Dao层类注入进来，用到@Autowired，代码如下：

```
package com.mr.service.impl;
import java.util.List;
import org.springframework.beans.factory.annotation.Autowired;
import org.springframework.stereotype.Service;
import com.mr.dao.UserDao;
import com.mr.entity.UsersBean;
@Service("userService")
public class UserServiceImpl {
  @ Autowired
  UserDao userDao;
  public List<UsersBean> getAllUser(){
    return userDao.getAllUser();
  }
}
```

通过这个注解，就成功地把创建UserDao对象的任务移交给了Spring，这时即可直接通过userDao的方式访问到该类里面的成员变量。

业务层是把Dao层方法获取到并返回给下一层，即Controller控制层。

10.4.2.5 创建控制层

继续在项目中创建一个类，作为控制层Controller，这里要跟之前讲的Servlet有所区别，Servlet虽然也是控制层，但是属于入侵性的（需要几层HttpServlet），而SpringMVC则不用，只需创建一个最普通的Class即可，只是需要用注解在声明类代码时标注上这是一个控制层，如图10-22所示。

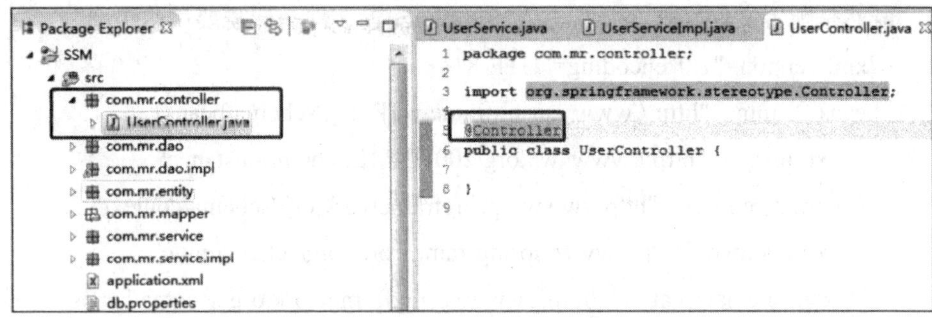

图10-22　Controller 层

简单的一个注解就解决了，有了这个注解这个类就不是普通的类了，它现在是一个控制器。

10.4.2.6　配置 SpringMVC

要想用SpringMVC来完成工作，首先需要创建它自己的配置文件，在项目结构中的WebContent\WEB-INF文件夹下创建一个xml，名字叫作SpringMVC.xml，如图10-23所示。

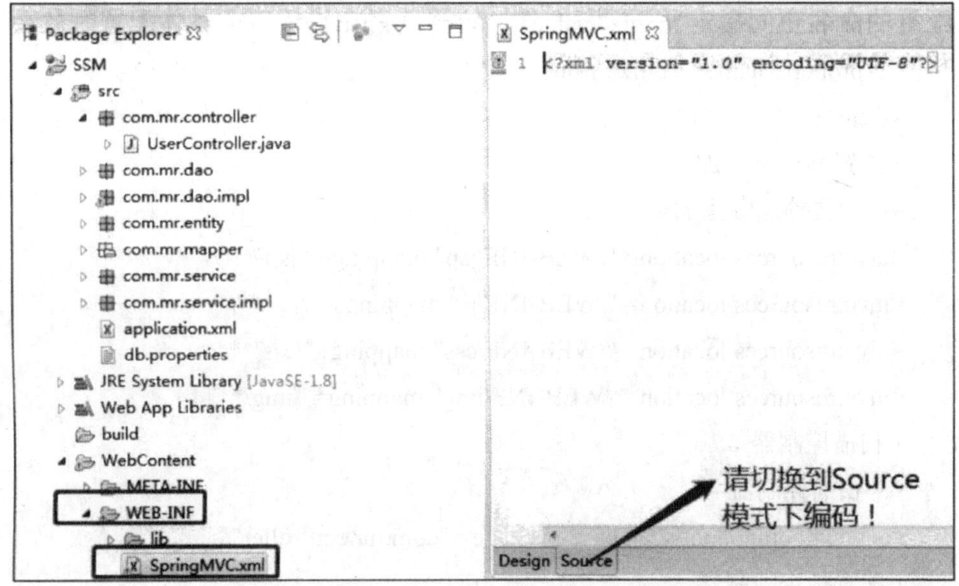

图10-23　SpringMVC配置文件

既然是配置文件，那么开头也要和Spring配置文件一样需要声明头部分。

```
<?xml version="1.0"encoding="UTF-8"?>
<beans  xmlns="http://www. springframework, org/schema/beans"
        xmlns:xsi="http://www. w3.org/2001/XMLSchema-instance"
        xmlns:context="http://www. springframework.org/schema/context"
        xmlns:mvc="http://www. springframework, org/schema/mvc"
       xsi:schemaLocation="http://www.springframework.org/schema/beans
       http://www. springframework.org/schema/beans/spring-beans-4.0.xsd
        http://www. springframework, org/schema/context
http://www. springframework.org/schema/context/spring-context-4.0. xsd
        http://www. springframework, org/schema/mvc
        http://www. springframework.org/schema/mvc/spring-mvc-4.0. xsd">
</bean>
```

以上是SpringMVC配置文件头部分，接下来开始编写文件体。Spring配置文件都需要配置什么？

· 视图解析器

```
<!--配置视图解析器-->
<bean class= "org.springframework, web.servlet, view. InternalResourceViewResolver">
   <property name= "prefix" value= "/WEB-INF/jsp/" />
   <property name="suffix" value=".jsp"/>
</bean>
```

· 配置静态资源加载

```
<!--配置静态资源加载-->
<mvc:resources location= "/WEB-INF/jsp" mapping="/jsp/**"/>
<mvc:resources location= "/WEB-INF/js" mappings="/js/**"/>
<mvc:resources location= "/WEB-INF/css" mapping="/css/**"/>
<mvc:resources location="/WEB-INF/img" mapping="/img/**"/>
```

· 扫描控制器

```
<!--扫描控制器-->
<context:component-scan base-package= "com.mr.controller"/>
```

· 配置指定控制器

```
<!--配置指定的控制器-->
```

```
<bean id= "userController" class= "com.mr.controller. UserController1"/>
```

· 自动扫描组建

```
<!--自动扫描组件-->
<mvc:annotation-driven />
<mvc:default-servlet-handler/>
```

以上这5点是一个SpringMVC文件最基本的配置，它们之间没有顺序之分，先配置什么都可以。

10.4.2.7　实现控制层

现在SpringMVC的配置文件也已经完成，接下来继续完成Conntroller里面的内容，在前面介绍了Conntroller控制层替代了原来的Servlet，也就是说Conntroller的作用是接收前台JSP页面的请求，并返回相应结果。

在正式写Controller层方法之前，先介绍一个类，叫作ModelAndView，从类名上可以看出Model 模型的意思，View视图的意思，那么该类的作用就是，业务处理器调用模型层处理完用户请求后，把结果数据存储在该类的model属性中，把要返回的视图信息存储在该类的view属性中，然后让该 ModelAndView返回Spring MVC框架。框架通过调用配置文件中定义的视图解析器，对该对象进行解析，最后把结果数据显示在指定的页面上。

控制层的实现步骤如下：

（1）因为需要调用Service层的方法，所以先注入一个对象，代码如下：

```
@Controller()
@RequestMapping("userController")
public class UserController {
    @Autowired
    UserService userService;
}
```

（2）接下来开始编写控制层的方法，写之前要思考明白，这个方法的作用是调用方法然后进入数据库取得想要查询的数据并且返回到JSP页面。也就是说有两个功能：一个是到数据库中提取数据，这部分工作Dao中的方法已经帮助完成了，只要调用一下Dao中的查询方法就可以；第二个步骤就是接受Dao方法的返回值，并且存起来传递到JSP页面，这就用到了上面介绍的ModelAndView，具体代码如下：

```
package com.mr.controller;
import java.lang.ProcessBuilder.Redirect;
import java.util.List;
import org.apache.ibatis.annotations.Param;
import org.springframework.beans.factory.annotation.Autowired;
import org.springframework.stereotype.Controller;
import org.springframework.web.bind.annotation.RequestMapping;
import org.springframework.web.servlet.ModelAndView;
import com.mr.entity.UsersBean;
import com.mr.service.UserService;
@Controller
public class UserController {
  @ Auto wired
  UserService userService;
  @RequestMapping("/getAllUser")
  public ModelAndView getAllUser() {
    //创建一个List集合用于接收Service层方法的返回值
    List<UsersBean> listUser = userService.getAllUser();
      //创建一个ModelAndView对象，括号里面的参数是指定要跳转到哪个
JSP页面
    ModelAndView mav = new ModelAndView("getAll");
    //通过addObject()方法，我们把要存的值存了进去
    mav.addObject("listUser", listUser);
    //最后把ModelAndView对象返回出去
    return mav;
  }
}
```

至此Controller功能方法就写完了，但是现在还有一个问题，就是该方法如何被访问到，原来写Servlet时，是通过Web.xml配置才能找到具体的Servlet，现在使用SpringMVC，每个类都需要配置相应的映射，现在我们只需要一个@RequestMapping注解就可以解决，代码如下：

```
@Controller
@RequestMapping("userController")
public class UserController {
  @Autowired
  UserService userService;
  @RequestMapping("/getAllUser")
  public ModelAndView getAllUser() {
    //创建一个List集合用于接收Service层方法的返回值
    List<UsersBean> listUser = userService.getAllUser();
     //创建一个ModelAndView对象，括号里面的参数是指定要跳转到哪个
JSP页面
    ModelAndView mav = new ModelAndView("getAll");
    //通过addObject()方法，我们把要存的值存了进去
    mav.addObject("listllser", listUser);
    //最后把ModelAndView对象返回出去
    return mav;
  }
}
```

代码说明：@RequestMapping()这个注解是设定该控制器的请求路径，无论以后是从JSP页面发出的请求还是从其他控制器发出的请求，都来写这个路径(UserController/getAllUser)。

10.4.2.8　JSP页面展示

所有Java功能代码已完成，接下来要在JSP页面做显示，创建两个JSP页面，ndex页面主页面做跳转用，getAll页面显示查询结果的页面，如图10-24所示。

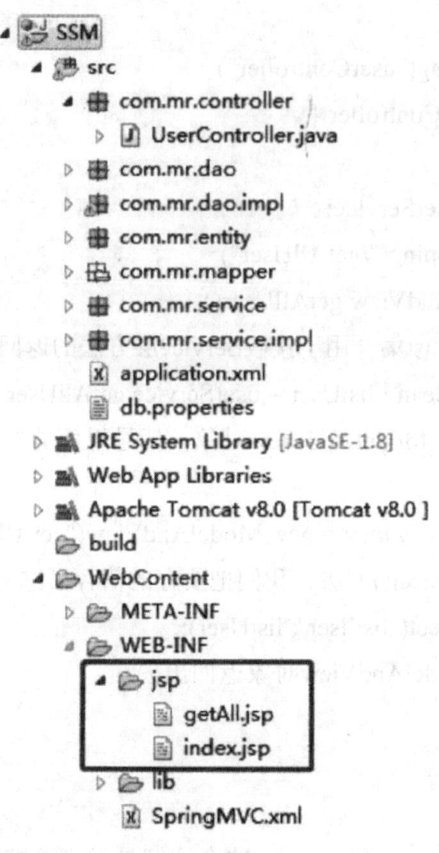

图10-24　JSP页面

页面创建完毕，首先要把页面的字符集更改成UTF-8，在index页面写一个跳转按钮，能成功跳转到Controller里面，代码如下：

```
<script type="text/javascript">
  function toGetAll(){
    location.href="userController/getAllUser";
  }
</script>
```

要想完成跳转还需要进行一个配置，之前介绍Spring框架是管理框架，在Spring里加载了MyBatis框架，但是到目前为止还没有对Spring框架进行加载，所以还需要最后一个配置文件web.xml，用于加载Spring框架以及一些其他操作，首先在WEB-INF下创建一个空白的XML，命名为web.xml，当然读者也可以从以前项目中复制一份，然后把里面原来项目中的东西都删除，只留下一对<web-app> </web-app>标签，以及<web-app>头标签的声明部分。

```
<?xml version="1.0" encoding="UTF-8"?>
<web-app version="2.5"
   xmlns= "http://java.sun. com/xml/ns/javaee"
   xmlns:xsi= "http://www. w3.org/2001/XMLSchema-instance"
   xs\:schemaLocation="http://java.sun.com/xml/ns/]avaee
   http://java.sun.com/xml/ns/javaee/web-app_2_5.xsd">
</web-app>
```

web.xml文件里面必须要配置以下内容。

·web.xml文件编辑器现实的名字和欢迎页面

```
<display-name>SSM</display-name>
 <welcome-file-list>
  <welcome-file>/WEB-INF/jsp/index.jsp</welcome-file>
 </welcome-file-list>
```

· 配置鉴定程序

```
<!--配置监听程序-->
<listener>
   <listener-class>
      org.springframework.web.context.ContextLoaderListener
   </listener-class>
</listener>
```

· 加载Spring配置文件

```
<!--初始化Spring配置文件-->
   <context-param>
      <param-name>contextConfigLocation</param-name>
      <param-value>classpath:application.xml</param-value>
   </context-param>
```

· 配置控制器

```
<!--配置控制器-->
   <servlet>
      <servlet-name>SpringMVC</servlet-name>
```

```
        <servlet-class>
            org.springframework.web.servlet.DispatcherServlet
        </servlet-class>
        <!--初始化控制器-->
        <init-param>
            <param-name>contextConfigLocation</param-name>
            <param-value>/WEB-INF/SpringMVC.xml</param-value>
        </init-param>
    </servlet>
```

· 控制器映射

```
<!--控制器映射-->
    <servlet-mapping>
    <servlet-name>SpringMVC</servlet-name>
    <url-pattern>/</url-pattem>
    </servlet-mapping>
```

· 配置编码过滤器

```
<filter>
        <filter-name>characterEncodingFilter</filter-name>
            <filter-class>org.springframework.web.filter.CharacterEncodingFilter</
filter-class>
        <init-param>
            <param-name>encoding</param-name>
            <param-value>UTF-8</param-value>
        </init-param>
        <init-param>
            <param-name>forceEncoding</param-name>
            <param-value>true</param-value>
        </init-param>
</filter>
<filter-mapping>
    <filter-name>characterEncodingFilter</filter-name>
    <url-pattern>/*</url-pattern>
```

</filter-mapping>

配置完以上内容后，现在剩下功能的最后一步，就是在最后的getAll.jsp中把查询到的数据显示出来，取值方式很简单，我们直接用EL表达式就可以直接取到ModelAndView对象里面的值，因为查询出来是一个列表，不确定列表中有多少数据，所以要动态循环取值，现在JSP页面头引入标签库，代码如下：

```
<%@ taglib prefix="c" uri="http://java.sun.com/jsp/jstl/core" %>
```

接下来循环List，代码如下：

```
<%@ page language="java"contenYType="text/html; charset=UTF-8"pageEncoding="UTF-8"%>
<%@ taglib prefix="c" uri="http://java.sun.com/jsp/jstl/core" %>
<!DOCTYPE html PUBLIC"-//W3C//DTD HTML 4.01 Transitional//EN" "http://www.w3.org/TR/html4/loose.dtd">
<html>
<head>
<meta http-equiv="Content-Type" content="text/html; charset=UTF-8">
<title>lnsert title here</title>
</head>
<body>
<table>
  <tr>
    <td>
      序号
    </td>
    <td>
      姓名
    </td>
    <td>
      年龄
    </td>
    <td>
      操作
    </td>
```

```
        </tr>
        <c:forEach items="${listUser}" var ="list">
          <tr>
            <td>
              ${list.uld}
            </td>
            <td>
              ${list.uName}
            </td>
            <td>
              ${list.uAge}
            </td>
            <td>
              <input iype="button" value="修改"onclick="toUpd(${list.uld})"/>
            </td>
          </tr>
        </c:forEach>
    </table>
    </body>
    </html>
    <script>
        function toUpd(id){
          location.href="getUserByld?uld="+id;
        }
    </script>
```

代码说明：forEach标签下的items属性写要取的值对应的Key名字，后面的var属性可以理解成是临时起的变量名字，用来调用对象里的属性，这时浏览器页面即可正常显示数据。

从结果可以看出，所写的代码是没有问题的，结果能正常显示出来，以上这些步骤就是搭建一个基本的SSM框架的环境以及最基础的查询功能。

参考文献

[1]毋建军.Java Web核心技术[M].北京：北京邮电大学出版社，2015.

[2]马晓敏，姜远明，曲霖洁.Java网络编程原理与JSP Web开发核心技术[M].北京：中国铁道出版社，2018.

[3]任淑霞.Java EE轻量级框架应用与开发[M].天津：天津大学出版社，2019.

[4]刘启文.Java Web编程技术[M].北京：北京航空航天大学出版社，2016.

[5]温立辉.Java EE编程技术[M].北京：北京理工大学出版社，2016.

[6]张丽.Java Web应用详解[M].北京：北京邮电大学出版社，2015.

[7]杨卫兵，王伟，邱焘，等.Java Web编程详解[M].南京：东南大学出版社，2014.

[8]黎才茂，邱钊，符发，等.Java Web开发技术与项目实战[M].合肥：中国科学技术大学出版社，2016.

[9]柴慧敏.Java Web程序开发与分析[M].西安：西安电子科技大学出版社，2015.

[10]朱林，王梦晓，黄卉.Java Web程序设计精讲与实践[M].北京：北京邮电大学出版社，2019.

[11]张国权，张凌子，翟瑞卿.Java Web程序设计实战（双色版）[M].上海：上海交通大学出版社，2017.

[12]李丹.Java Web编程技术[M].西安：西安电子科学技术大学出版社，2021.

[13]圣文顺，李晓明，刘进芬.Java Web程序设计及项目实战[M].北京：清华大学出版社，2020.

[14]沈泽刚.Java Web编程技术：微课版[M].3版.北京：清华大学出版社，2019.

[15]陈香凝.Java Web编程技术[M].天津：天津大学出版社，2019.

[16]朱庆生，古平.Java程序设计[M].2版.北京：清华大学出版社，2017.

[17]郭路生，杨选辉.Java Web编程技术[M].北京：清华大学出版社，2016.

[18]方巍.Java EE架构设计与开发实践[M].北京：清华大学出版社，2017.

[19]贾文潇，邓俊杰.基于Java的Web开发技术浅析[J].电子测试，2016（8）：65+86.

[20]吴周霄，郑向阳.基于JSP技术的动态网页开发技术[J].信息与电脑（理论版），2018（8）：13-15.

[21]邢琛.浅谈网页开发中的JSP技术[J].电脑迷，2018（8）：141.

[22]汪君宇.基于JSP的Web应用软件开发技术分析[J].科技创新与应用，2018（16）：158-160.

[23]赵晨.简析JSP技术及其在WEB应用软件开发中的应用[J].计算机产品与流通，2017（11）：27.

[24]蒋治学.JSP技术及其在动态网页开发中的应用分析[J].浙江水利水电学院学报，2020，32（2）：75-77.

[25]高进，孙彬，沈洋.基于Java技术的分布式异构数据库Web访问技术[J].信息系统工程，2017（11）：26

[26]马黎.基于JDBC技术的配送管理系统的研发[J].商丘职业技术学院学报，2018，17（3）：89-92.

[27]王建.基于Java语言的数据库访问技术应用研究[J].计算机产品与流通，2017（8）：24-25.

[28]王小霞.Hibernate框架技术在数据库检索系统中的应用研究[J].数字技术与应用，2018，36（5）：85-86+88.

[29]向大芳.基于Hibernate框架数据持久化的设计与实现[J].科技创新导报，2019，16（28）：135-139.

[30]朱运乔.基于Spring+Spring MVC+hibernate框架的Web系统设计与实现[J].电脑知识与技术，2018，14（26）：66-68.

[31]葛萌，黄素萍，欧阳宏基.基于Spring MVC框架的Java Web应用[J].计算机与现代化，2018（8）：97-101.

[32]唐权.SSM框架在Java EE教学中的应用与实践[J].福建电脑，2017，33（12）：93-94+61.

[33]梁弼，王光琼，邓小清.基于Spring框架的Web应用轻量级3S解决方案[J].西华大学学报（自然科学版），2018，37（3）：78-82.

[34]肖志刚.基于J2EE+Spring MVC框架的教学管理系统[D].西安：西安电子科技大学，2019.

[35]向露.基于SSM的智能停车场管理系统的设计与实现[J].电子设计工程，

2018，26（13）：24-27+32.

[36]邱丹萍.Web开发中SSM框架的分析[J].电脑知识与技术，2020，16（17）：81-82.

[37]工岩，刘振东，王康平，等.面向企业应用的Java教学框架探索[J].计算机教育，2018（2）：63-66.

[38]刘义忠，张伟.基于SSM框架的后台管理系统设计与实现[J].软件导刊，2019，18（2）：68-71.